消防安全评估

孙旋　晏风　袁沙沙　王大鹏　等　编著

中国建筑工业出版社

图书在版编目（CIP）数据

消防安全评估/孙旋等编著. —北京：中国建筑
工业出版社，2020.12（2025.2重印）
ISBN 978-7-112-26020-1

Ⅰ. ①消… Ⅱ. ①孙… Ⅲ. ①消防-安全评价 Ⅳ.
①TU998.1

中国版本图书馆 CIP 数据核字（2021）第 053260 号

本书系统介绍了消防安全评估的概念、意义及其现状和发展趋势，对建筑消防安全评估和区域消防安全评估进行了深入的研究和分析，同时还重点对其实施和应用等方面也进行了阐述，力图全方位、完整地梳理消防安全评估的知识。

本书可作为消防评估技术人员、从事建筑和区域消防安全管理人员及相关科研单位的工具书，也可作为高等院校消防安全类专业师生的参考用书。

责任编辑：周娟华
责任校对：党　蕾

消 防 安 全 评 估
孙旋　晏风　袁沙沙　王大鹏　等　编著

*

中国建筑工业出版社出版、发行（北京海淀三里河路9号）
各地新华书店、建筑书店经销
霸州市顺浩图文科技发展有限公司制版
建工社（河北）印刷有限公司印刷

*

开本：787毫米×1092毫米　1/16　印张：14　字数：348千字
2021年5月第一版　　2025年2月第四次印刷
定价：**58.00**元
ISBN 978-7-112-26020-1
（36982）

前言

消防安全评估可以更为客观、准确地认识火灾风险，是开展火灾防控和部署灭火救援力量的重要基础，也是查找当前消防工作薄弱环节、明确未来消防工作重点、提高社会消防精细化管理的有效手段。在欧美国家，消防安全评估开展较为广泛，也有很深厚的实践基础。我国对消防安全评估的研究起步较晚，直到2008年北京奥运会和残奥会，消防安全评估作为专项评估才逐步得到发展。之后广东省火灾隐患重点地区整治工作的不断推进，2017年公安部消防局号召全国各地积极开展消防安全评估，标志着我国的消防安全评估进入了快速发展时期。近年来，消防安全评估成为业界的热点之一，很多消防部门、高校、科研院所、企业等都进行了大量有意义的探索与实践。

必须明确的是，消防安全评估研究是一项复杂的系统工程。从理论上讲，消防安全评估是基于火灾动力学、数理统计等理论开展的，具有完善、系统的知识体系。随着社会化消防治理工作的持续深入，消防安全评估的应用越来越广泛，但在实践中面临着评估单元划分模糊、评估方法单一、评估指标体系不完善、评估深度不足等诸多应用难题，导致评估水平参差不齐，评估结果未充分应用，亟须规范化、标准化，从而有效提高评估结果的应用水平。如何将消防安全评估理论应用于工程实践，是消防行业近些年一直在思考并不断实践的重要内容。多年来，中国建筑科学研究院建筑防火研究所始终以服务社会、引领行业发展为己任，为了更好地推进我国建筑消防事业的发展，使广大工程技术人员了解并重视消防安全评估相关问题，我们在参考国内外众多技术资料的基础上，根据各自专业工作的一些实践和体会，组织相关人员撰写了本书。

本书是一部系统阐述消防安全评估应用技术的著作，旨在提升和规范消防安全评估行为。本书从消防安全评估的概念、意义、宗旨、原则和现状、趋势开始，针对建筑消防安全评估和区域消防安全评估，重点梳理了评估依据、评估内容、评估方法、步骤流程、技术路线、指标体系等评估关键要素；简要介绍了组织架构、软件仪器、质量管控、进度计划、汇总分析、措施对策、报告编制和取费标准等评估实施要点。同时，本书还精选了典型应用案例供读者参考使用。

本书由建筑安全与环境国家重点试验室、国家建筑工程技术研究中心、中国建筑科学研究院有限公司建筑防火研究所、住房和城乡建设部防灾研究中心建筑防火研究部共同编著。同时，本书得到了中国建筑科学研究院有限公司科研基金资助。本书共分三篇，第一篇由孙旋负责组织编写，第二篇由晏风组织编写，第三篇由袁沙沙组织编写。本书共计35章，其中第1、2、3、7、10、23、26章由王楠执笔，第4、9、12、20、25、28、35章由周欣鑫执笔；第5、13、14、21、29、30章由王大鹏执笔；第6、8、11、19、22、24、27章由王志伟执笔；第15、16、18、34章由晏风执笔；第17、33章由石云香执笔；第31、32章由袁沙沙执笔。全书由孙旋统稿。

由于编者水平有限，书中难免会有一些疏漏和不尽如人意的地方，恳请读者予以批评、指正。

目 录

第三篇　区域消防安全评估

第一篇

消防安全评估概述

第 1 章
概念与意义

1.1 概念

随着社会经济的发展和科学技术的进步，消防安全评估成为消防安全管理工作的一项重要措施，通过调查评估，提出对策建议，进而指导消防安全工作的开展。目前，全国各地方政府发文明确要求火灾高危单位每年应开展消防安全评估工作，同时最近几年科研院所、消防技术机构等纷纷进入消防安全评估技术领域，开展众多相关性科研活动，极大地推动了消防安全工程的迅速发展。随着消防安全评估工作的广泛开展，人们对消防安全评估技术的理解参差不齐，下面介绍与消防安全评估相关的常用术语，以便读者树立科学的认识。

1. 消防安全评估（Fire safety assessment）

以建筑单体或建筑群为对象，根据有关规定和相关消防技术标准规范，运用建筑消防安全评估技术与方法，辨识和分析影响建筑消防安全的因素，确认建筑消防安全等级，制定控制建筑火灾风险的策略。

2. 消防（Fire control）

火灾预防和灭火救援的统称。火灾预防，即防火，是指采取措施防止火灾发生或限制其影响的活动和过程；灭火救援是指灭火和在火灾现场实施以抢救人员生命为主的援救活动。

3. 安全（Safety）

人的身心免受外界因素影响的存在状况及其保障条件。

4. 风险（Fisk）

发生危险事件或有害暴露的可能性，与随之引发的人身伤害或健康损害的严重性的组合。

5. 危险（Danger）

人或物遭受损失的可能性超出了可接受范围的一种状态。

6. 危险源（Dangerous source）

可能导致人身伤害和（或）健康损害的根源、状态或行为，或其组合。

7. 安全评估（Safety assessment）

对于一个生产（或生活）系统存在的危险性进行的定性和定量分析，得出系统发生危险性的可能性及其后果严重程度的评价。

8. 火灾风险评估（Fire risk assessment）

对火灾事件给人们的生活、生命、财产等各个方面造成的影响和损失的可能性进行量化评估的工作。

1.2 分类

消防安全评估根据不同的划分标准可以划分为不同的类型，下面梳理了常见的三种划分标准，分别是按评估阶段划分、按评估内容划分和按评估对象划分。应用最为广泛的是按评估对象划分为建筑消防安全评估和区域消防安全评估。建筑消防安全评估和区域消防安全评估均包含前两种划分标准的具体内容。如建筑消防安全评估包括消防安全预先评估、消防安全现状评估，同时，也包括消防管理评估、消防救援评估、大型活动消防安全评估、消防设备设施评估和其他消防安全专项评估。

消防安全评估的三种划分标准的具体分类，如图 1-1 所示。

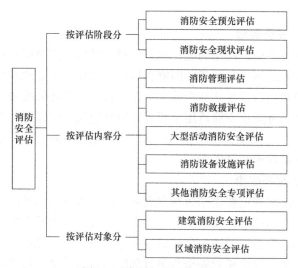

图 1-1　消防安全评估分类

对于不同划分标准的评估类型，其主要含义与使用用途详见表 1-1。

消防安全评估类型主要含义和用途说明表

表 1-1

类型名称	类型说明
消防安全预先评估	在建设工程的可研、方案、设计阶段所进行的火灾风险评估，用于指导建设工程的开发和设计，以在建设工程的基础阶段最大限度地降低建设工程的火灾风险
消防安全现状评估	在建设工程已经竣工，即将投入运行前或已经投入运行时所处的阶段进行的火灾风险评估，用于了解建筑的现实风险，以采取降低风险的措施
消防管理评估	针对评估对象的消防安全责任制落实情况、制度规程制定执行情况等方面开展评估，包括与法律法规和国家强制性标准的符合情况、与工作实际需求的匹配情况等，分析消防管理工作存在的问题，提出改进建议
消防救援评估	对某区域或某单位的消防救援力量分布、消防救援和市政消防设施性能及消防道路通行能力等方面开展评估，并根据评估结果提出相应改进意见

续表

类型名称	类型说明
大型活动消防安全评估	以大型公共活动为对象,针对建筑本身、临时活动场所、活动项目等可能存在的火灾风险进行分析,通过合适的方法和手段将火灾危害降低到可接受的水平
消防设备设施评估	依据法规开展建筑消防设施及电气防火设备的资料收集、抽查及检测工作,分析设施设备使用情况及完好率,得出结论及整改措施意见
其他消防安全专项评估	针对消防安全领域其他方面的需求而进行的专项评估
建筑消防安全评估	以单体建筑为研究对象,评估建筑内部的生命和财产风险,为单位维保或升级改造消防设备设施及改进消防安全管理工作提供依据
区域消防安全评估	以某个区域为研究对象,研究该区域火灾风险及其分布情况,为区域配置合理消防资源力量,为指挥者确定灭火救援行动方案提供依据,进而为该区域的综合消防安全管理提供决策参考

1.3　意义

1. 科学评判消防安全等级

当代建筑类型多种多样,使用功能、建筑材料、结构形式及配套设施等方面的更新换代给消防安全带来了新的问题和挑战。国家和地区现代化、工业化和信息化进程的日新月异,使得消防安全形势也日益复杂和严峻。考虑到目前的消防标准规范不能完全覆盖所有情形,对照规范的评估方式也不能适用于所有区域和建筑,因而评估人员有时就会感到无所适从和束手无策。在此背景下,众多学者积极探索创新消防安全评估理论方法,以保证消防安全等级评定的精度和科学性。

2. 准确反映火灾客观规律

许多人都将是否满足规范要求作为判定火灾事故是否发生的准则,这就造成人们对消防安全的思想懈怠、意识麻痹。而事实证明,火灾的发生常出乎人们意料,传统的消防监督机制具有片面性和局限性。消防安全评估是一个动态过程,能反映消防安全现状及当前状况下事故结果的预测,反映相对安全与绝对危险的逻辑关系。科学的消防安全评估工作可揭示火灾发展的客观规律,为确定科学、有效的消防监督机制提供了理论基础。

3. 指导健全社会消防管理体系

随着我国火灾研究和消防工程的不断发展,消防安全评估工作可以有效地指导社会消防服务管理工作,为消防设施建设、消防站布局及消防装备设施的配置等提供技术帮助。同时,可根据消防安全评估结论制定不同的处置细则,如指导消防员处理火警信息的处置措施。

4. 发挥社会技术力量参与消防工作

开展消防安全评估工作,可充分发挥社会各部门、各行业的引领作用。利用社会上的技术力量,委托具有专业性、技术性强的社会消防服务机构或科研机构承担消防安全评估工作,强化其中的科技含量,推动消防技术的发展,为消防执法监督提供专家意见或技术依据,携手共同做好消防工作。

第2章
宗旨与原则

2.1 宗旨

消防安全评估是以火灾科学和风险评估理论为基础，对消防安全状况进行的评估，针对评估发现的问题提出改进建议和改善措施，从而有效强化针对火灾防控薄弱环节的管控，预防和减少火灾事故，减少财产损失和人员伤亡。

2.2 原则

消防安全评估是火灾科学与消防工程的重要组成部分，对完善消防工程学科体系及应用研究有着重要的作用。开展消防安全评估工作，必须要遵循一定的原则，从系统安全工程学及消防工程学的角度看，主要归纳为系统性、针对性、综合性、科学性和可操作性五方面。

1. 系统性

消防安全隐患存在建筑区域的各个方面，消防安全评估对象是一个完整的体系，即全面地反映评估对象的各个方面。消防安全评估工作中，对不同的子系统进行分层分析，每个子系统又作为一个单独的有机整体。评估过程中，采用系统理念进行火灾风险分析，最大限度地辨识所有可能导致火灾风险的危险要素，评估它们对火灾风险影响的重要程度。

2. 针对性

消防安全评估对象的特点千差万别，不同的评估对象，其火灾危险源及消防体系架构大相径庭。因此，在开展消防安全评估工作中，工作方式必须与评估对象紧密关联，具有强针对性，绝不能以偏概全，影响消防安全评估的科学性和合理性。

3. 综合性

消防安全评估是个综合性的项目，项目各部分之间既有区别又有联系，既包括第一类危险源又包括第二类危险源，涉及人、物、环境及管理，故在开展消防安全评估工作中，应从综合性的角度开展分析。

4. 科学性

消防安全评估结论是否科学、合理，直接影响评估工作的质量水平。许多火灾危险源是能够借助数据统计资料、消防工程知识或凭经验辨识出来的。但也确有一些潜在很深的危险源不容易被发觉，有的不明原因导致火灾发生。其受现有消防技术水平的制约，也受现有人们认识观的影响。评估结论要尽可能做到符合实际情况，就必须找出充分的理论或实践依据，以保障评估工作的科学性。

5. 可操作性

开展消防安全评估工作时，要根据评估对象火灾风险的特征，选择可操作性、方法简单、效果显著的方法。同时，消防安全评估的结果应具有纵向和横向比较功能，以便在考评和制订安全对策与安全措施时使用。

第3章
现状与趋势

近年来，我国经济迅猛发展，城市建设步伐逐步加快，城市规模不断扩大，建筑形态推陈出新，其使用功能、建筑材料、结构形式及配套设施等方面的更新换代都给消防安全带来新问题，增大了消防安全管理难度。为了保障消防安全水平，科学、合理的消防安全评估成为防治火灾并采取预防措施的有效手段。

3.1 国外消防安全评估现状

从 19 世纪末 20 世纪初开始，欧美国家的消防科研人员开始用科学的思想和方法研究火灾的发生与控制规律。火灾风险评估起源于美国的保险行业。保险公司为用户承担各种火灾损失的风险，但要收取一定的费用，费用是由所承担的火灾风险大小来决定的，由此也带来了一个如何衡量火灾风险程度的问题。

为了预防和控制火灾事故的发生，减少火灾伤亡事故，世界各国对火灾风险评估的方法和理论进行了广泛的研究和探索。美国消防协会制定 NFPA 101A《确保生命安全的选择性方法指南》，对各类型建筑的火灾安全评估进行了系统且详细的阐述，例如商业建筑、医疗场所、拘留及劳教场所、福利公寓、教育场所等。它将建筑物内影响人生命安全的环境及设施因素总结为多个安全参数，通过对这些安全参数的量化评分，得到对某个防火分区或整栋建筑的火灾安全防护水准的评价。20 世纪 80 年代，日本对所有城市进行城市火灾风险评估、划分城市等级，从城市防灾的角度加强行政管理，已经形成了一种制度。城市火灾危险度的表示方法主要采用的是"城市等级法"。除此之外还有横井法、菱田法、数研法和东京都法。澳大利亚提出了风险评估模型（Risk Assessment Modeling，简称RAM），并提出了新的风险评估模型（Centre for Environmental Safety and Risk Engineering）。根据不同火灾特点以及环境因素，研究火灾的发生概率以及建筑物应对火灾的能力，采用具体的模型对火灾及建筑破坏情况进行分析。加拿大国家研究委员会（NRC）为引入性能化防火设计规范而研发了一种火灾危险评估模型（FIRECAM）。该模型通过对所有可能发生的火灾场景进行分析，评估火灾对建筑物内人员的预期伤亡风险，也可以评估用于建造和维修的消防费用和预期的火灾损失程度。英国建筑研究院的火灾研究所提出的一个火灾风险评估模型，是一种面向火灾相关对象的风险模型，又称为程序模拟计算风险指数法。该方法在进行火灾场景模拟时，模型采用了蒙特卡洛方法，其做法是把"建筑-财物-人员"整个系统看作是某种对象的集合，可以用模型中的程序通过输入各种对象行为的参数对这些对象进行描述。它可以对已有建筑物加强防火管理和改善消防安全状况的决策进行分析。

3.2　国内消防安全评估现状

我国在消防安全评估方面的研究不如一些发达国家早,随着我国消防安全技术的发展以及与国外相关研究机构的接触沟通,也逐步进行了该方面的研究并取得了一定的成绩。目前,中国建筑科学研究院建筑防火研究所、天津消防研究所、上海消防研究所、四川消防研究所、沈阳消防研究所、中国科学技术大学等科研单位和高校,都已在消防安全评估方面积累了许多经验。

国内消防安全评估主要采用对照规范评定、逻辑分析、综合评估和计算机模拟等几种方法。2013 年 3 月 7 日,公安部消防局研究制定了《火灾高危单位消防安全评估导则(试行)》,明确细化了火灾高危单位消防安全评估的步骤程序、评估内容和评估结论判定方法,社会消防技术服务机构的资质条件、资质许可及服务活动内容以及消防技术服务机构设备配备要求等。2017 年 12 月 29 日,国务院办公厅印发了《消防安全责任制实施办法》,其中第六条指出"县级以上地方各级人民政府应当落实消防工作责任制职责中要求,要建立常态化火灾隐患排查整治机制,组织实施重大火灾隐患和区域性火灾隐患整治工作,实行重大火灾隐患挂牌督办制度"。2019 年 5 月 30 日,中共中央办公厅、国务院办公厅印发了《关于深化消防执法改革的意见》(厅字〔2019〕34 号)的通知,指出"取消消防技术服务机构资质许可,取消消防设施维护保养检测、消防安全评估机构资质许可制度,企业办理营业执照后即可开展经营活动。"消防安全评估机构办理营业执照后即可开展经营活动。消防部门制定消防技术服务机构从业条件和服务标准,引导加强行业自律、规范从业行为、落实主体责任。加强事中事后监管,加强对相关从业行为的监督抽查,依法惩处不具备从业条件、弄虚作假等违法违规行为,对严重违法违规的消防技术服务机构和人员实行行业退出、永久禁入。近些年,地方政府相继出台了消防安全评估标准规范,如广东省住房和城乡建设厅发布了《建筑消防安全评估标准》DBJ/T 15—144—2018,用于指导广东省建筑消防安全自查评估工作的开展。张燕等人针对康养居所消防安全管理现状,构建了火灾事故树,运用布尔代数法分析提取影响消防安全的关键因素,通过逻辑分析表明该方法具有较强的实用性。综合评估是目前国内建筑消防安全评估最常用的一种方法,其以数据统计为基础,建立建筑物火灾的影响因素集,并根据它们的影响程度确定权重后,分析计算得出评价结果。通过系统工程的方法,考查各系统组成要素的相互作用以及对建筑物火灾发生发展的影响,作出对整个建筑物的消防安全性能评价。黄飞等人基于城市商业综合体的管理实际,构建了城市商业综合体消防安全评估体系,利用层次分析法确定了各指标的权重值,建立了一套城市商业综合体消防安全的评估方法,为后续改进和提升消防安全水平建设提出了建议和参考。火灾模拟是运用计算机来模拟火灾的发生、发展过程。史雷波以西安某超高层建筑为背景,运用计算机模拟火灾发生后人员的疏散安全性,对超高层建筑的消防安全水平进行了评估。在实际工作中,为了消防安全评估工作的科学合理,常采用多种方法融合的方式开展评估工作。王晓湧采用实地调查研究、量化分析、仿真模拟等多种方法,开展了北京市公交场站及北京火车站安全评估研究。

基于近几年新一代信息技术的发展应用,消防安全评估工作逐渐融入了地理信息系统

（GIS）、软件开发以及互联网云服务等现代信息技术，实现了传统消防向现代智慧消防的转型升级。薛嵩基于地理信息系统（GIS）对城市各区域进行划分，建立了城市区域火灾风险评估模型，采用 B/S 开发模式，实现了城市火灾风险因素 ISM 分析、城市区域火灾风险评估模型的设置、可视化评估 GIS 展示与用户信息管理等功能。中国建筑科学研究院郑蝉蝉、肖泽南根据我国的传统村落火灾危险性因素，采用 BP 神经网络模型开展相关火灾危险性分析，取得了一定的效果。

3.3 发展趋势

1. 强化消防安全风险评估顶层设计

近些年，我国政府都在大力开展消防安全评估工作，但存在评判标准、方法不一的问题，导致消防安全等级无法横向对比，无法清晰地认识评估对象在全国范围内的整体水平，不利于评估结果的直观感受与演化应用。通过制定出台城市消防安全风险评估的相关法律法规及规范标准，明确评估指标体系、评估内容、评估方法、评估程序、风险控制及基础数据等的具体要求，可保障评估工作的顺利开展。

2. 规范风险评估的机构和人员管理

开展消防安全评估需要在数据采集、风险识别的基础上，利用数学分析法，对评估结果进行分级，结合专家意见对消防安全作出客观、公正的评估结论，提出合理可行的消防安全对策及规划建议，这就对从事消防安全评估的服务机构和从业人员提出了执业能力的要求，即要依照法律法规、技术标准和执业准则开展消防安全评估。同时，也需要形成一定的监管机制，规范服务机构和从业人员的行为。

3. 发展信息化技术，节省人力

消防安全评估需要借用矩阵、公式等数学方法对大量数据运算的结果进行分析，在大数据时代，有必要把人从烦琐的运算中解脱出来，开发评估系统软件，实现科学管理评价数据，根据评价数据自动便捷进行火灾险等级数据判定。通过评估系统软件的研发和应用来降低成本，使消防安全风险评估不再需要高达上百万的成本，从而扩大其应用范围，应用到建筑类、设备类、区域类等不同的评估对象，解决指标体系建立不完善、选用评估方法不合理、计算失误等问题，进而提高消防安全评估的准确性。

4. 强化消防安全风险评估结果

《加强和改进消防工作的意见》等相关文件对消防安全评估提出了要求。《城市消防规划规范》GB 51080—2015 也提出了"编制城市消防规划，应当结合当地实际对城市火灾风险、消防安全状况进行分析评估"。开展消防安全评估，是为了更好地指导防火实践，为实践服务。消防评估结果能够为建筑或区域查找消防安全问题，分析消防安全现状，从而提出科学合理的风险规避措施和改进建议，能够为监管部门确定在消防基础设施装备建设、消防监督检查和队伍管理方面的工作重点，提高管理部门的效能，能够提出和城市发展相平衡的消防建设规划，全面提升城市消防安全水平。

综上，本篇介绍了消防安全评估的概念意义，分类及宗旨原则，梳理了国内外消防安全评估的现状。第二篇和第三篇将从评估对象的角度，将消防安全评估分为建筑消防安全评估和区域消防安全评估，分别进行详细介绍。

第二篇

建筑消防安全评估

第4章
政策法规

4.1 政策制度沿革

随着我国社会经济的快速迅猛发展，建筑火灾隐患也急剧增多，火灾发生频次、人员伤亡以及经济财产损失等各项指标也呈逐年上升趋势，因此为减少火灾发生，提高社会火灾防控水平，针对既有建筑进行消防安全评估已经迫在眉睫，国家也出台了相应政策，进一步督促建筑消防安全评估工作的开展。

2011年12月30日，由国务院印发的《国务院关于加强和改进消防工作的意见》（国发〔2011〕46号）中，首次针对容易造成群死群伤火灾的人员密集场所、易燃易爆单位和高层、地下公共建筑等火灾高危单位提出要建立火灾高危单位消防安全评估制度，由具有资质的机构定期开展评估，评估结果向社会公开，作为单位信用评级的重要参考依据。同时，要求消防安全重点单位要建立消防安全自我评估机制，消防安全重点单位每季度（其他单位每半年）自行或委托有资质的机构对本单位进行一次消防安全检查评估，做到安全自查、隐患自除、责任自负。

2013年3月7日，中华人民共和国公安部为深入贯彻落实《国务院关于加强和改进消防工作的意见》（国发〔2011〕46号），印发了《火灾高危单位消防安全评估导则（试行）》，供各省、自治区、直辖市公安消防总队结合实际认真贯彻落实。其中，第二条要求"火灾高危单位的具体界定标准由省级公安机关消防机构结合本地实际确定，并报省级人民政府公布"。第三条要求"火灾高危单位应每年按要求对本单位消防安全情况进行一次评估，并在每年度12月10日前将评估报告报当地公安机关消防机构备案"。

2017年12月29日，为进一步健全消防安全责任制，提高公共消防安全水平，预防火灾和减少火灾危害，保障人民群众生命财产安全，国务院办公厅印发了《消防安全责任制实施办法》（国办发〔2017〕87号）。其中，第十七条对"对容易造成群死群伤火灾的人员密集场所、易燃易爆单位和高层、地下公共建筑等火灾高危单位"，进一步强调要建立消防安全评估制度，由具有资质的机构定期开展评估，评估结果向社会公开，并要求"消防设施检测、维护保养和消防安全评估、咨询、监测等消防技术服务机构和执业人员应当依法获得相应的资质、资格，依法依规提供消防安全技术服务，并对服务质量负责"。

2018年7月3日，为有效防范和坚决遏制大型商业综合体这类特殊建筑重特大火灾事故的发生，结合当前火灾防控工作实际，国务院安全生产委员会（以下简称国务院安委会）办公室印发了《大型商业综合体消防安全专项整治工作方案》（安委办〔2018〕21号），并决定从 2018 年 7 月至 10 月组织开展大型商业综合体消防安全专项整治，成立由应急管理部、公安部、住房和城乡建设部、商务部、文化和旅游部、市场监管总局、国家能源局等相关部门参加的大型商业综合体专项整治协调小组，指导各地大型商业综合体专项整治工作，定期通报整治工作进展情况，研究协调有关工作，联合开展督导检查。在专项整治过程中，多地采用了消防安全评估技术，对大型商业综合体进行了"体检"，制订了相应的整改方案。

2019 年 10 月 24 日，国务院安委会办公室印发了《关于开展大型商业综合体消防安全专项整治"回头看"工作的通知》（安委办函〔2019〕57 号）。为进一步提升大型商业综合体消防安全管理水平，切实保障人民群众生命财产安全，国务院安委会办公室决定从现在起至 2019 年底，在全国范围内集中开展大型商业综合体消防安全专项整治"回头看"工作，深化整治突出风险隐患，有效落实大型商业综合体及企业集团总部消防安全主体责任，提升行业部门协同治理水平，并以"回头看"工作为抓手，进一步健全和完善大型商业综合体消防安全管理长效机制。

消防安全评估工作的开展主要由各地方消防机构执行和监管，在加强消防工作开展的同时，为了推进国家治理体系和治理能力的现代化建设，国家进行了深化改革，消防监管模式也随之发生了变化。

2018 年 3 月 21 日，中共中央印发了《深化党和国家机构改革方案》，为了更好发挥党的职能部门作用，推进职责相近的党政机关合并设立或合署办公，优化部门职责，国务院新组建了应急管理部，并明确公安消防部队、武警森林部队转制后，与安全生产等应急救援队伍一并作为综合性常备应急骨干力量，由应急管理部管理，实行专门管理和政策保障，采取符合其自身特点的职务职级序列和管理办法，提高职业荣誉感，保持有生力量和战斗力。同时，在"深化跨军地改革"中进一步明确"公安消防部队不再列武警部队序列，全部退出现役。公安消防部队转到地方后，现役编制全部转为行政编制，成建制划归应急管理部，承担灭火救援和其他应急救援工作，充分发挥应急救援主力军和国家队的作用。"

从此，社会化消防监管模式开始了新篇章。

2019 年 5 月 30 日，中共中央办公厅印发了《关于深化消防执法改革的意见》（厅字〔2019〕34 号）文中提出"取消消防技术服务机构资质许可"，取消消防设施维护保养检测、消防安全评估机构资质许可制度，消防部门制定消防技术服务机构从业条件和服务标准，引导加强行业自律、规范从业行为、落实主体责任，加强对相关从业行为的监督抽查，依法惩处不具备从业条件、弄虚作假等违法违规行为，对严重违法违规的消防技术服务机构和人员实行行业退出、永久禁入。

消防技术服务机构资质取消后，进一步放开了消防安全评估市场，各地均涌现出了技术水平参差不齐的消防技术服务机构。为规范和约束消防技术服务机构，2019 年 8 月 29日，应急管理部制定了《消防技术服务机构从业条件》（应急〔2019〕88 号）。从此，各地消防安全评估项目招标文件中不再用资质限制报名条件，而是对从业条件进行要求。虽然放开市场，有利于优化营商环境，但保障评估质量和稳定评估市场需要全社会共同的努力，消防政府部门应加强监管，社会服务机构应提高消防管理水平，人民群众应增强消防防范认识。

4.2　法规、标准现状

2013 年 3 月 7 日，由中华人民共和国公安部印发的《火灾高危单位消防安全评估导则（试行）》发布后，各省人民政府纷纷做出响应，陆续颁布出台各省火灾高危单位消防安全管理规定和评估办法（标准或规程），为各地区的火灾高危单位评估工作提供参考依据。部分地区编制情况见表 4-1 和表 4-2。

国内火灾高危单位消防安全管理规定编制情况　　　　　　　　　　　表 4-1

序号	实施时间	省份	管理规定	备注
1	2013.9.1	陕西省	陕西省火灾高危单位消防安全管理规定	
2	2013.9.4	湖南省	湖南省火灾高危单位消防安全管理规定	
3	2013.10.25	江苏省	江苏省火灾高危单位消防安全管理规定	
4	2013.11.1	山东省	山东省火灾高危单位消防安全管理规定	
5	2013.11.9	云南省	云南省火灾高危单位消防安全管理规定	
6	2013.11.26	河南省	河南省火灾高危单位消防安全管理规定	
7	2013.11.25	福建省	福建省火灾高危单位消防安全管理规定	
8	2014.1.1	甘肃省	甘肃省火灾高危单位消防安全管理规定	
9	2014.1.1	青海省	青海省火灾高危单位消防安全管理规定	
10	2014.1.6	安徽省	安徽省火灾高危单位消防安全管理规定	
11	2014.1.7	湖北省	湖北省火灾高危单位消防安全管理规定	
12	2014.1.10	黑龙江省	黑龙江省火灾高危单位消防安全管理规定	
13	2014.1.19	西藏自治区	西藏自治区火灾高危单位消防安全管理办法(试行)	
14	2014.2.10	重庆市	重庆市火灾高危单位消防安全管理规定	
15	2014.3.1	浙江省	浙江省火灾高危单位消防安全管理暂行规定	
16	2014.3.6	广东省	广东省火灾高危单位消防安全管理规定	
17	2014.6.1	广西壮族自治区	广西壮族自治区火灾高危单位消防安全管理规定	
18	2014.6.1	内蒙古自治区	内蒙古自治区火灾高危单位消防安全管理规定	
19	2016.1.1	吉林省	吉林省火灾高危单位消防安全管理规定	

国内火灾高危单位消防安全评估办法/标准/规程/技术指南编制情况　　表 4-2

序号	实施时间	省份	评估办法/标准/规程/技术指南	评估方法
1	—	安徽省	安徽省火灾高危单位消防安全评估办法	百分制扣除法
2	2013	辽宁省	辽宁省火灾高危单位消防安全评估标准	指标体系
3	2013	山东省	山东省火灾高危单位消防安全评估规程	缺陷分度直接判定法
4	2014	北京市	北京市火灾高危单位界定标准和火灾风险评估导则	百分制扣除法
5	2014	甘肃省	甘肃省火灾高危单位消防安全评估标准	百分制扣除法
6	2014	广西壮族自治区	广西壮族自治区火灾高危单位消防安全评估规程	缺陷分度直接判定法
7	2014	陕西省	陕西省火灾高危单位消防安全管理与评估规范	评估等级直接判定法
8	2015	重庆市	重庆市火灾高危单位消防安全评估规程	指标体系＋变权重
9	2016	湖南省	湖南省火灾高危单位消防安全评估技术指南	指标体系
10	2016	四川省	四川省火灾高危单位消防安全评估规程	百分制扣除法

目前，针对火灾高危单位的消防安全评估工作仍然是市场的主流。广东省作为改革开放的前沿阵地，其经济迅速发展，火灾隐患也急剧增多，广东省历来高度重视消防工作，在消防工作的开展方面一直处于领先地位，各项举措均具有前瞻性。2018 年，广东省出台了我国第一部针对不同类型建筑的消防安全评估标准，即《建筑消防安全评估标准》DBJ/T 15—144—2018，该标准适用于消防技术服务机构对广东省行政区域内既有的厂房、仓库和民用建筑的消防安全评估工作。该标准的出台对于一般建筑的消防安全评估具有参考意义。

除此之外，《重大火灾隐患判定方法》GB 35181—2017、《建筑设计防火规范》GB 50016—2014（2018 年版）及其他消防系统设计规范，也是消防安全评估工作的主要技术支撑。

4.3　发展趋势与展望

随着我国消防安全评估研究工作的日渐成熟及国家安全发展的需要，建筑消防安全评估已然成为国家消防事业发展的重点工作之一。目前，国家相关政策只要求对火灾高危单位进行消防安全评估。实际需求中，消防安全评估制度面向对象应不仅限于此，应涵盖所有消防重点单位和一般单位。当前，社会单位监管中，监管部门管理的单位是某一辖区内所有单位，一般单位数量远大于火灾高危单位数量；且相比火灾高危单位，一般单位的安全管理体系和能力比较薄弱，大量火灾隐患往往集中在星罗棋布的一般单位中。在这个大数据时代，对所有社会单位的消防安全评估不是不可能。针对所有社会单位建立起相应的消防安全评估制度，更能落实消防责任制，使各单位消防责任人和管理人全面真实地了解其消防安全水平。

除了每年要求对火灾高危单位进行必要的消防安全评估工作外，受火灾形势影响，近两年针对大型商业综合体，国务院安委会要求在全国开展消防安全专项整治工作，各地方积极做出响应，取得了较好的反响，提高了大型商业综合体的消防安全管理水平。今后，将在此基础上，针对问题集中和火灾高发的建筑进行专项整治，积累实战和理论基础，并最终为确定比较完善的评估体系、评估方法和评估内容奠定基础。

由于地方标准存在差异和局限性，技术层面上也存在一些问题，为了促进评估工作的整体发展，今后将在目前已制订的消防评估标准的基础上，集中国内外消防专家和技术人员，出台发布全国适用的火灾高危单位消防安全评估标准，细化《火灾高危单位消防安全评估导则（试行）》的 13 项评估要素，确定评估内容、标准分值及评估检查办法。标准化评估有助于全面掌握火灾高危单位的消防安全状况，便于全国各地火灾高危单位进行消防安全统计和对比分析。

第5章
对象内容

5.1 概述

建筑消防安全评估根据建筑所处的不同状态，可分为预先评估和现状评估两大类。

预先评估是在建设工程的开发、设计阶段进行的，用于指导建设工程的开发和设计，以在建设工程的基础阶段最大限度地提升建设工程的消防安全，如超限建筑的特殊消防设计咨询评估、复杂建筑的消防设计咨询评估等均属于预先评估。

现状评估是在建设工程竣工后进行的，用于了解建筑消防安全现状，排除隐患，提升消防安全，如大型商业综合体消防安全评估、航站楼消防安全评估等均属于现状评估，它是对建筑可能面临的火灾危险、建筑的脆弱性、控制火灾措施的有效性、消防管理等各因素综合作用下的评估，并针对火灾隐患提出整改建议和措施。

随着我国经济建设的发展，存量建筑基数巨大，其数量也在不断增加，老旧建筑、城中村、人员密集场所的消防安全现状越来越受到重视，既有建筑的消防安全评估也被越来越多地应用到提升社会消防安全的工作中，这对于合理评价建筑的消防安全现状、提升社会消防安全发挥着重要作用。

5.2 评估对象

建筑消防安全的对象可以分为法定评估对象、改造评估对象、提升消防安全的其他评估对象等。

1. 法定评估对象

2013 年 3 月 7 日，为认真贯彻落实《国务院关于加强和改进消防工作的意见》（国发〔2011〕46 号），公安部发布了《火灾高危单位消防安全评估导则（试行）》，以建立火灾高危单位消防安全评估制度，规范消防安全评估工作；要求火灾高危单位每年对本单位消防安全情况进行一次评估，并在每年度 12 月 10 日前将评估报告报当地公安机关消防机构备案。该导则第二条同时规定了各地区需进行消防安全评估的火灾高危单位的范围：

（1）在本地区具有较大规模的人员密集场所；

（2）在本地区具有一定规模的生产、储存、经营易燃易爆危险品场所单位；

（3）火灾荷载较大、人员较密集的高层、地下公共建筑以及地下交通工程；

（4）采用木结构或砖木结构的全国重点文物保护单位；

（5）其他容易发生火灾且一旦发生火灾可能造成重大人身伤亡或者财产损失的单位。

该导则发布之后，全国各省均通过制定地方标准开展了相应工作，广东、重庆等地还对高风险场所进行专项整治，以落实评估工作，提升建筑的消防安全水平。也有部分单位主动进行消防安全评估，以提升消防安全水平，如北京首都国际机场的消防安全评估、广东白云机场的消防设备评估等。

2. 改造评估对象

除法定评估对象外，还有一类比较重要的评估对象是需进行改造的建筑。

随着我国城镇化发展的不断加快，城市发展理念由量的增长转变为质的提升。大量的老旧建筑满足当时我国的消防要求，但无法满足现行的消防安全理念。这类建筑常常由于功能改变、设备老化等需进行改造。借着改造的契机，很多建筑需进行消防安全评估，以满足我国现行消防安全理念的要求。这类评估对象多种多样，如工业建筑变更为民用建筑、厂房使用功能的改变、宾馆老旧设备改造等。

3. 其他评估对象

此外，有些既有建筑不属于法定的火灾高危单位，近期也无改造计划；但为了明确其消防安全性，也可进行消防安全评估，以为其确定火灾风险点、进行消防隐患整改、是否需要进行大规模改造提供依据。如关系到国计民生的大型粮库、大型卷烟厂、核电设施、银行重要建筑等，这类建筑往往不属于火灾高危单位但又很重要，特别是对于建设年代很早的建筑，进行消防安全评估是必要的。

另外，还有一类重要的评估对象——大型活动，大型活动一般具有人员密集、用电量大、安全管理复杂、应急难度大等特点，特别是对于重要的政治和社会活动，更需提高其消防安全。为提升大型活动的消防安全性，主办单位应在举办之前，就活动场所及消防安全管理开展消防安全评估，以及时发现活动的消防设备设施配置、应急措施、组织方案、消防安全责任制落实、消防救援等各方面存在的薄弱环节，采取相应的措施进行完善。

5.3 评估内容

消防安全评估的最终目的是提升消防安全，因此建筑消防安全评估的内容可包含消防工作的全部内容，如建筑合法性、消防安全责任制落实情况、建筑防火和消防设备设施的合理性和有效性、消防安全管理水平等。

《火灾高危单位消防安全评估导则（试行）》第四条规定了火灾高危单位消防安全评估的内容：

（一）建筑物和公众聚集场所消防合法性情况；

（二）制定并落实消防安全制度、消防安全操作规程、灭火和应急疏散预案情况；

（三）依法确定消防安全管理人、专（兼）职消防管理员、自动消防系统操作人员情况，组织开展防火检查、防火巡查以及火灾隐患整改情况；

（四）员工消防安全培训和"一懂三会"知识掌握情况，消防安全宣传情况，定期组织开展消防演练情况；

（五）消防设施、器材和消防安全标志设置配置以及完好有效情况，消防控制室值班人员及自动消防系统操作人员持证上岗情况；

（六）电器产品、燃气用具的安装、使用及其线路、管路的敷设、维护保养情况；

（七）疏散通道、安全出口、消防车通道保持畅通情况，防火分区、防火间距、防烟分区、避难层（间）及消防车登高作业区域保持有效情况；

（八）室内外装修情况，建筑外保温材料使用情况，易燃易爆危险品管理情况；

（九）依法建立专职消防队及配备装备器材情况，扑救火灾能力情况；

（十）受到公安机关消防机构行政处罚和消防安全不良行为公布情况，对监督检查发现问题整改情况；

（十一）消防安全责任人、消防安全管理人、专（兼）职消防管理员确定、变更，消防安全"四个能力"建设定期检查评估，消防设施维护保养落实并定期向当地公安机关消防机构报告备案情况；

（十二）单位结合实际加强人防、物防、技防等火灾防范措施情况；

（十三）单位年内发生火灾情况。

可以看出，《火灾高危单位消防安全评估导则（试行）》中的评估内容不仅包含了评估对象内部与消防安全有关的建筑元素，也包含了设备设施、使用者的消防管理等元素，还包含了社会管理部门的监督管理相关元素。可以说，依照《火灾高危单位消防安全评估导则（试行）》对建筑进行依法评估的行为来说，其评估内容应完整。

但对于社会单位为提升自身消防安全而进行的评估来说，可按实际需求确定其评估内容，这时的评估可不包含监督管理元素，而只评估建筑防火、消防设备设施和消防安全内部管理即可，也可进行专项评估，例如，建筑防火检查评估、消防设备设施检测评估、消防管理体系评估等，这类评估可满足建筑使用者的特定需求。

对建筑合法性的检查，主要看是否有消防设计审核、验收、开业前检查等由消防管理部门颁发的文件。

对建筑防火的检查评估，一般包括外部救援条件、防火分区、防火分隔、疏散条件等。

对消防设备设施的检测评估，一般包括是否存在应设未设情况、各类消防系统完好性和功能性评估、消防系统联动功能评估等。

对消防管理体系的评估，一般包括消防安全责任制落实情况、各类消防安全管理制度、各类消防记录、应急预案、消防演练情况等。

第6章
步骤流程

被评估的建筑中有些建筑规模大、人流多，电气设备多，需勘查的火灾风险因素多，工作量大，涉及面广。本书依据以往大型公共建筑消防安全评估经验，总结了建筑消防安全评估的主要工作一般包括六项：一是对消防安全管理进行消防安全评估；二是对现场消防系统设施进行消防安全评估；三是对部分建筑进行消防性能化评估；四是建立定量评估指标体系；五是针对发现的消防安全问题提出措施和建议；六是根据工作成果和相关资料编制消防安全评估报告。根据总结的建筑消防安全评估主要工作，本章将介绍建筑消防安全评估的步骤流程（以下简称"步骤流程"），步骤流程按照工作阶段和评估内容可划分成五个独立而又密切相关的子步骤流程，如项目启动和策划子步骤流程、综合管理子步骤流程、实地评估子步骤流程、消防性能化评估子步骤流程、报告编制子步骤流程。各子步骤流程内容的具体说明见表6-1。

各子步骤流程内容的具体说明   表6-1

序号	子步骤流程	工作内容	责任人
1	项目启动和策划子步骤流程	(1)召开项目启动动员会； (2)对实施方案进行细化和完善； (3)组建项目团队，细化工作职责	项目负责人
2	综合管理子步骤流程	(1)负责实施过程中与被评估单位的沟通协调； (2)负责人员、经费、设备的调配和供应； (3)定期召开专题项目会，及时处理解决评估过程中的问题	项目助理
3	实地评估子步骤流程	(1)相关资料收集； (2)对被评估单位相关部门进行调研访谈； (3)消防安全管理体系评估； (4)建筑防火评估； (5)消防设施评估； (6)消防救援评估	现场评估组组长 体系评估组组长
4	消防性能化评估子步骤流程	(1)相关资料收集； (2)进行烟气控制、人员疏散、防火分区隔、商业方案、消防设施等性能化评估	技术支持组组长
5	报告编制子步骤流程	(1)负责过程文件的审批； (2)负责评估报告的整合、组织专家评审和最后定稿	项目总工

6.1 项目启动和策划子步骤流程

1. 项目策划

项目策划是建筑消防安全评估成败的关键。前期策划的内容包括资源调配、质量管理、进度把控、责任落实等方面，应达到准备充分、保障有力、责任到位、进度合理、运行受控、进展顺畅的目标。它主要包括以下内容：

（1）项目组织架构和人员组成，包括项目组人员和专家团队。

（2）建立本项目质量管理体系文件，对过程中各项工作和文件进行严格的质量管理。

（3）项目所需的设备、软件和硬件及其准备情况。

（4）项目总体进度要求和关键节点进度安排。

（5）项目技术储备情况，包括评估思路、评估方法、评估关键技术等内容。

（6）初步确定评估指标体系和关键评估指标。

（7）与被评估单位确定联系方式和渠道，明确被评估单位要求，列出双方配合事项。

（8）项目所需资料清单。

2. 完善和细化总体实施方案

通过与被评估单位相关部门进行沟通、现场初步勘察等方式确定风险评估对象，这部分工作的目的在于：

（1）初步了解建筑总体消防安全状况。

（2）掌握建筑实际工作量，制订更加合理的工作计划。

（3）熟悉建筑工作流程和注意事项，以便下一步顺利地开展工作。

上述工作将同时结合被评估单位提供的资料和建议，完善和细化本项目总体实施方案。

3. 成立项目组

项目组技术力量的配置对建筑消防安全评估的质量有着很大的影响，因此，应根据被评估建筑的特点，选派有丰富的同类型项目评估经验的项目负责人和技术人员组成项目组，主要技术人员均应具有一级注册消防工程师证书。

6.2 综合管理子步骤流程

综合管理子步骤流程为项目顺利实施保驾护航，该步骤流程由项目助理负责，同时设置质量工程师和办公文员配合项目助理工作。它主要包括以下内容：

1. 评估实施方案审核和批准

评估实施方案是指为项目实施评估而编制的各类方案。为保证方案质量，所有方案须经审核和批准两道程序，审核人由项目总工担任，批准人由项目负责人担任。不同方案及对应的技术人员具体见表 6-2。

各类评估实施方案及对应技术人员列表　　　　　　　　表 6-2

序号	方案名称	组织编制人	审核人	批准人
1	技术方案	项目助理	项目总工	项目负责人
2	总体实施方案	项目助理	项目总工	项目负责人
3	现场检测评估实施方案	项目助理	项目总工	项目负责人
4	调研访谈实施方案	项目助理	项目总工	项目负责人
5	消防性能化评估实施方案	项目助理	项目总工	项目负责人
6	评估报告编制实施方案	项目助理	项目总工	项目负责人

2. 资金、人员和后勤保障

项目助理在充分了解项目相关信息后，应立即编制项目费用预算、人员投入计划表，并及时与被评估单位进行联系，确定办公、通信、资料交付、安全培训、证件办理、检查陪同、访谈部门联系等事宜，做好项目启动的所有后勤保障和准备工作。同时，在项目实施过程中定期与被评估单位和项目其他小组保持密切联系，根据项目进展情况，调整和优化资源部署，及时解决项目实施过程中的困难和问题。

3. 定期召开项目会议

项目助理按照项目负责人的要求定期组织召开项目专题会议，参加被评估单位的协调会。本单位项目专题会由项目助理组织，项目负责人主持，各小组负责人参加，每周应定期召开一次。会议内容包括总结上周任务目标完成情况，工作中的主要成果及存在问题，需要项目部协调解决的事项和下周工作计划。其主要目的是总结上一阶段的工作和部署下一阶段的主要工作，使项目组目标一致，过程严格受控，确保项目按质、按期圆满完成。

4. 工作和文件过程质量管控

质量工程师牵头编制项目质量保证大纲，确保每一事项、每一文件的质量严格受控。各小组严格按质量保证大纲的要求开展工作。项目按照质量一票否决的原则，对项目组工作质量实施考核。考核办法将在质量保证大纲上明确并严格执行。

5. 进度管控和调整

根据项目总体实施方案的要求，项目助理同时做好项目进度应急预案。各小组将总体进度目标进行细化分解，最终将分解到每日每人的工作计划中去。每人在每日工作开始前都须明确今天的工作进度要求，在每日工作结束时要向小组负责人汇报项目进展情况，未完成的人员要说明原因，未说明原因且未完成工作的人员将严格考核。各小组负责人每日要向项目助理汇报进度情况，项目助理根据实际进度情况随时进行统计和汇总，并根据变化情况在保证总工期不受影响的前提下调整局部节点进度计划。如对关键节点进度有影响或可能对总工期造成延误的，将第一时间向项目负责人汇报。项目负责人将召集相关人员进行研究，启动项目进度应急预案并实施。

6.3　实地评估子步骤流程

6.3.1　管理体系调研访谈

1. 管理体系调研访谈准备

调研访谈准备工作包括对被评估单位组织机构、部门设置、部门职责、建筑消防管理制度等进行熟悉，建立与被评估单位相关部门的联系方式。

2. 编制调研访谈提纲

调研访谈提纲根据管理体系调研访谈内容要求，由项目助理组织编制，要求列出各个访谈部门的访谈内容纲要，由项目总工审核、项目负责人批准。批准后，调研访谈组按纲要实施。

3. 编制调研访谈计划

调研访谈计划由项目助理组织编制，要求明确访谈时间、访谈部门、访谈人员及访谈地点，由项目总工审核、项目负责人批准。批准后，调研访谈组按计划实施。

4. 开展调研访谈

具体调研访谈工作按照批准后的访谈提纲和访谈计划执行。

5. 访谈内容整理分析

调研访谈组应每天整理访谈记录，全部完成后对访谈内容进行整理和分析，详细说明被评估单位的建筑消防安全管理体系的现状、存在的主要问题和建议解决措施等。

6.3.2 现场评估

在现场评估工作流程中，编制评估检查表、开发专用软件和进行岗前技术培训是解决建筑消防安全评估工作量大、检查内容多等问题而设置的有针对性的流程。

1. 编制现场检测评估实施方案

组织专业人员对建筑的各评估场所进行预调研，了解工作对象的情况，结合工作任务预估工作量，编制现场检测评估实施方案。根据检查对象特点、工作量成立检查小组，现场评估组由项目负责人统一指挥、现场负责人具体负责、检查小组落实检查任务。

2. 制作现场检查表

梳理、消化检查内容和相关标准，并整理为现场检查表和打分细则，以供现场检查时的信息采集和打分。制作流程如下：

（1）确定系统

确定系统即确定所要检查的对象。检查的对象可大可小，可以是某一工序、某个工作地点、某一具体设备等。对象为单体既有建筑的消防安全水平，则与消防安全相关的所有因素组成系统。

（2）找出危险点

这一部分是编制现场检查表的关键，因为安全检查表内的项目、内容都是针对危险因素而提出的，所以找出系统的危险点至关重要。找危险点时，可采用系统安全分析法、经验法等方法分析寻找。

（3）确定项目与内容，编制成表

根据找出的危险点，对照有关制度、标准法规、安全要求等分类确定项目，并做出其内容，按安全检查表的格式制成表格形式。

（4）检查应用

在现场勘察时，根据检查表要点中所提出的内容，逐一地进行现场检查核对，并做好相关记录。

（5）反馈

由于在安全检查表的编制中可能存在某些考虑不周的地方，所以在检查、应用过程中若发现问题，应及时向上汇报、反馈，进行补充完善，以更好地为项目服务。

3. 检测仪器、设备准备

根据现场评估检查实施方案的要求配齐现场评估检查所需的设备、仪器、仪表等，并根据现场实际情况，及时增加检测仪器设备的种类和数量。

4. 进行岗前安全教育培训

根据项目策划和被评估单位的要求，在进驻现场前对项目组全体人员进行岗前安全教育培训，并进行考核，合格后方可开展安全评估工作。

5. 进行岗前技术培训

进驻现场前对技术人员进行评估检查标准、评估检查要点和评估专业知识、评估检查方法等方面的培训。

6. 进行现场评估检查

现场评估检查是建筑消防安全评估的重要工作内容，也是占用时间较多、占用人力最大的部分。为提高评估检查效率，需要明确现场评估检查工作方法。

火灾风险识别是开展建筑消防安全评估工作所必需的基础环节。只有充分、全面地把握评估对象所面临的火灾风险的来源，才能完整、准确地对各类火灾风险进行分析、评判，进而采取针对性的火灾风险控制措施，确保将评估对象的火灾风险控制在可接受的范围内。针对建筑是既有建筑的情况，现场检查时应主要采用拍照、目测、尺量、消防设施专业检测（必要的情况下）等方法，详细如下（检查过程中均拍照留存）：

（1）使用专业仪器设备对距离、宽度、长度、面积、厚度、压力等可测量的指标进行现场抽样测量，通过与规范对比，判断其设置的合理性。

（2）对个体建筑的防火间距、消防车道的设置、安全出口、疏散楼梯的形式和数量等涉及消防安全的项目进行现场检查，通过与规范对比，判断其设置的合理性。

（3）对消防设备设施进行检查和必要的功能测试，可能包括以下内容：

① 对建筑防火设施等外观、质量进行现场抽样查看并记录结果。

② 对消防设备设施的功能进行现场测试并记录结果。检测的消防设备设施包括火灾探测器和手动报警按钮、火灾报警控制器、消防控制盘、电话插孔、事故广播、火灾应急照明和疏散指示系统、消防水泵、自动灭火系统、消火栓系统等。

③ 必要时联系各设备设施厂家，让其提供相关设施参数、维修记录等。

7. 现场评估检查汇总分析

（1）现场检查完毕后，将数据汇总，由专人或使用专业软件对所有数据进行处理、汇总。

（2）对建筑整体的建筑防火、消防设施、消防救援条件状况进行评估，编制检查结论。

6.4 消防性能化评估子步骤流程

1. 分析准备

准备工作包括被评估单位的需求分析，编制性能化分析工作方案和细则，明确工作内容、工作依据和工作原则，精心策划安排，充分利用现场和资料提供的各种信息，力求准确、客观和科学地得出相关结论和优化建议措施，供被评估单位决策参考。

（1）明确工作内容

消防性能化评估的具体工作内容如下：

① 确定总体评估安全目标、评估原则及对相关区域的火灾安全性进行分析，确定可能发生的火灾场景和火灾规模。

② 针对不同区域发生火灾时，火灾的蔓延状况进行分析和评估。

③ 针对不同区域发生火灾时，烟气在建筑内的蔓延状况进行计算机模拟分析评估。

④ 根据人流分析数据，对各个区域内的人员数量、疏散方式和疏散路径进行评估，采用数学模型和计算机模拟软件对人员在各层的疏散情况进行分析，计算不同区域所需要的疏散时间，并结合烟气流动分析，评估人员疏散的安全性。

⑤ 结合建筑的使用功能和建筑特点，对建筑内消防系统设置提出建议。

⑥ 根据计算和分析结果，提出对建筑的消防性能化评估区域的防火分隔、防火防烟分区划分、疏散路径和疏散方式、消防救援、商业方案、消防设施等改进方案。

（2）明确工作依据

工作依据包括：消防性能化设计评估合同；技术文件资料；建筑工程图纸和相关说明；技术法规、文献；国内外权威文献资料。

（3）明确评估原则

对于建筑消防安全评估问题，将本着安全适用、技术先进、经济合理的原则，通过对建筑现有状况的分析和安全评估，使得制订的解决方案能更好地满足本建筑的消防要求。

2. 确定消防性能化目标

建筑消防性能化评估目标如下：

（1）为使用者提供消防安全保障，为消防人员提供消防条件并保障其生命安全。

（2）将火灾控制在一定范围内，尽量减少财产损失。

（3）尽量降低对建筑运营的干扰。

（4）保证火灾下结构安全。

3. 设定判定准则及依据

消防性能化评估的目标是减少人员伤亡和财产损失，尽量将火灾控制在一定范围内。所以人员疏散安全性判定和防止火灾蔓延扩大判定是性能化评估判定的主要内容。

4. 设定火灾与火灾场景

（1）火灾场景设定的一般原则

火灾场景是对一次火灾整个发展过程的定性描述，该描述确定了反映该次火灾特征并区别于其他可能火灾的关键事件。火灾场景设定要定义引燃阶段、增长阶段、完全发展阶段和衰退阶段，以及影响火灾发展过程的各种消防措施和环境条件。由于引燃阶段和衰退阶段对整个火灾过程的分析影响不大，通常在分析时忽略，而主要考虑火灾的增长阶段和充分发展阶段。火灾的增长阶段反映了火灾发展的快慢程度，充分发展阶段则反映了火灾可能达到的最高热释放速率，这两个阶段最能够反映火灾的特征及其危险性。

设定火灾场景是指建筑物性能化消防设计和安全评估分析中，针对设定的消防安全设计目标，综合考虑火灾的可能性与潜在的后果，从可能的火灾场景中选择出可供分析的火灾场景。火灾场景的选择要充分考虑建筑物的使用功能、建筑的空间特性、可燃物的种类及分布、使用人员的特征、人员密度以及建筑内采用的消防设施等因素。

设定火灾场景是建筑消防安全评估的一个关键环节,其设置原则是所确定的设定火灾场景可能导致的火灾风险最大,如火灾发生在疏散出口附近并令该疏散出口不可利用,自动灭火系统或排烟系统由于某种原因而失效等。在确定设定火灾场景时,主要需要确定火源位置、火灾发展速率和火灾的可能最大热释放速率、消防系统的可靠性等要素。

(2)危险源辨识及火灾危险性分析

采用预先危险性分析方法对建筑的危险源进行辨识。

(3)火灾荷载分析

火灾荷载是衡量建筑物室内所容纳可燃物数量多少的一个参数,是研究火灾初期发展阶段性的基本要素。在建筑物发生火灾时,火灾荷载直接决定着火灾规模的大小、燃烧持续时间的长短和室内温度的变化情况。建筑空间内火灾荷载越大,发生火灾的危险性和危害性越大,需要采取的防火措施越多。

(4)设计火灾

设计火灾是设定火灾场景、开展性能化评估的关键环节。设计火灾曲线以时间为基础,通常在热释放速率和时间之间建立一种关系。

火灾的发生、发展一般包括引燃、增长、轰燃发生前、轰燃、轰燃发生后和衰减等几个阶段。而设计火灾往往只考虑火灾增长直至轰燃发生的阶段,这取决于设计目标的确定。

设计火灾时火一般分为热释放速率随时间增长的火和热释放速率恒定的火。用于排烟量确定,一般采用热释放速率恒定的火;而对于烟气流动的场模型分析,则设置热释放速率增长火。设计火灾包括火灾规模和增长速率的确定。

对于热释放速率增长火,根据不同的可燃物火灾增长的时间常数不同,按热释放速率增长的快慢,通常将热释放速率增长火分为四类,即超快火、快速火、中速火和慢速火。

(5)火灾场景设置

确定设定火灾场景是指在建筑物性能化评估分析中,针对设定的消防安全目标,综合考虑火灾的可能性与潜在的后果,从可能的火灾场景中选择出供分析的火灾场景。

火灾场景是对一次火灾整个发展过程的定性描述,该描述确定了反映该次火灾特征并区别于其他可能火灾的关键事件。评估将根据最不利的原则确定设定火灾场景,选择火灾风险较大的火灾场景作为设定火灾场景。如火灾发生在安全出口附近并令该安全出口不可利用、自动灭火系统或排烟系统由于某种原因而失效等。

5. 建立火灾模拟计算模型

(1)建立模型:将建筑项目 CAD 图纸导入相关软件,建立性能化评估模型。

(2)划分网格:计算区域网格的划分将直接影响模拟的精度,网格划分越小,模拟计算的精度会越高,但同时所需要的计算时间也会呈几何级数增加;网格划分如果过大,尽管可以大大缩短计算时间,但计算精度可能无法得到保证。评估将在综合考虑经济性与保证满足工程计算精度的前提下,进行网格划分。

6. 风险性能化评估

根据划分的不同层次评估指标的特性,选择合理的评估方法,按照不同的风险因素确定风险概率,根据各风险因素对评估目标的影响程度,采用专用软件进行模拟分析计算,确定各风险因素的风险等级。

7. 确定评估结论，提出改进措施

评估结果应能明确指出建筑当前的消防安全状态和水平，提出消防安全可接受程度的意见。根据火灾风险分析和计算结果，遵循针对性、技术可行性、经济合理性的原则，提出降低或消除火灾风险的技术措施和管理对策。根据模拟结论，给出详细的防火分区与分隔设计、烟气控制策略、人员疏散策略、消防设施的设置及其他消防设计结果，优化消防设计方案，最后提出建议措施，编制评估报告。

6.5 报告编制子步骤流程

该流程包括以下事项：

1. 风险评估对策研讨

准备工作包括对被评估单位的组织机构、部门设置、部门职责、建筑消防管理制度等进行熟悉，建立与被评估单位相关部门的联系方式。

2. 评估报告编制

报告编写组成员将各小组成果进行汇总、编辑、完善和组稿。

3. 评估报告审核

评估报告由项目总工审核。

4. 评估报告批准

评估报告由项目负责人批准。

5. 提交评估报告

批准后的报告进行打印、封装，同时拷贝电子文件，份数及装订满足合同要求并做好后续服务保障工作。

第7章
常用方法

目前，消防安全评估方法有很多种，每种评估方法都有其适用的范围和应用条件，都有自身的优缺点。本书在分析比较国内外几十种消防安全评估方法的基础上，从定性、半定量和定量评估方法三个角度介绍了多种评估方法，在实际工作中针对具体的评估对象，必须选用合适的方法才能取得良好的评估效果。要根据评估目标的要求，选择多种评估方法进行消防安全评估，相互补充、综合分析和相互验证，以提高评估结果的可靠性。

7.1 定性评估方法

定性的分析方法具有简易、结果直观的特点，但对于不同种类对象的评估结果无法比较，因此难以给出火灾危险等级且主观经验成分偏多，对风险的描述深度不够，无法量化表达，局限性较强。

7.1.1 安全检查表

安全检查表（Safety Checklist Analysis，简称 SCA），是为检查某些系统的安全状况而事先制定的问题清单，是最基础、最简单的一种系统安全分析方法。它是用来实施安全检查和火灾危险控制，是参照火灾安全规范、标准，系统地对可能发生的火灾环境进行分析后，找出了火灾危险源，再依据检查表中的各个项目把火灾危险源以清单的形式列出或绘制成表格，以便于安全检查和火灾安全工程。

安全检查表的核心是设计和实施。它必须包括系统里的全部主要检查点，尤其是不能忽视那些主要的重点的潜在危险因素；而且，还应从检查点中发现与其有关的其他危险源。所以，安全检查表应列明所有可能导致发生火灾的不安全因素和岗位的全部职责，其内容包括分类、序号、检查内容、回答、处理意见、检查人和检查时间、检查地点、备注等。

7.1.2 预先危险性分析法

预先危险性分析（Preliminary Hazard Analysis，简称 PHA）法是对具体分析区域存在的危险进行识别，以及对火灾出现条件和可能造成的后果进行宏观概略分析的系统安全分析方法。其目的是早期发现系统潜在的危险因素，确定系统的危险等级，提出相应的防范措施，防止这些危险因素发展成为事故，避免考虑不周所造成的损失，属于定性评价，即讨论、分析、确定系统存在的危险、有害因素及其触发条件、现象、形成事故的原因事件、事故类型、事故后果和危险等级，有针对性地提出应采取的安全防范措施。分析评价应提前介入，提早预防，但容易受分析评价人员主观因素影响而出现偏差。

7.2 半定量评估方法

半定量方法用于评估确定可能发生的火灾的相对危险性，评估火灾发生的频率和后果，根据评估结果制订不同的预防控制方案，即引入量的概念将定性与定量结合，以风险分级系统为基础，通过对指标参数的分析及赋值，并结合数学方法来确定评估对象的危险等级。半定量方法具有较高的实用性，然而仍无法具体地反映出实际情况。

7.2.1 层次分析法

层次分析法（Analytic Hierarchy Process）是消防安全评估中最常用的方法之一，是美国运筹学家 T. L. Saaty 教授于 20 世纪 70 年代初提出的一种简便、灵活、实用的多方案或多目标的决策方法。它是一种系统化、层次化的分析方法，是一种具有定性分析与定量分析相结合的决策方法，可将决策者对复杂对象的决策思维过程系统化、模型化、数量化。其基本思想是通过分析复杂问题包含的各种因素及其相互关系，将问题所研究的全部元素按不同的层次进行分类，标出上一层与下层元素之间的联系，形成一个多层次结构。在每一层次均按某一准则对该层元素进行相对重要性的判断，构造判断矩阵；并通过解矩阵特征值问题，确定元素的排序权重；最后，再进一步计算出各层次元素对总目标的组合权重，为决策问题提供数量化的决策依据。

针对建筑消防安全状况，层次分析法将定量与定性的决策合理地结合起来，进行层次化、数量化。根据消防安全评估的总目标，将消防安全分解成不同的组成要素，按照要素间的相互关系及隶属关系，将要素按不同层次聚集组合，形成一个多层分析结构模型，最终归结为最低层指标相对于最高层指标重要程度的权值或相对优劣次序的问题。层次分析法为相互关联、相互制约的众多因素构成的复杂数据系统，提供了一种新的简洁、实用的建模方法。运用层次分析法，大体上可按下面五个步骤进行：

1. 递阶层次结构的建立与特点

应用层次分析法分析决策问题时，首先要把问题条理化、层次化，构造出一个有层次的结构模型（图 7-1）。在这个模型下，复杂问题被分解为多元素的组成部分。这些元素又按其属性及关系形成若干层次，上一层次的元素作为准则对下一层次的有关元素起支配作用。这些层次可以分为三类：

（1）最高层：只有一个元素，一般它是分析问题的预定目标或理想结果；

（2）中间层：包括为实现目标所涉及的中间环节，它可以由若干个层次组成，包括所需要考虑的准则、子准则；

（3）最底层：包括为实现目标可供选择的各种措施、决策方案等。

上述层次之间的支配关系不一定是完全的，即可以存在这样的元素，它并不支配下一层次的所有元素，而仅支配其中部分元素，这种自上而下的支配关系所形成的层次结构称为递阶层次结构。

递阶层次结构中的层次数与问题的复杂程度及需要分析的详尽程度有关。一般来说，

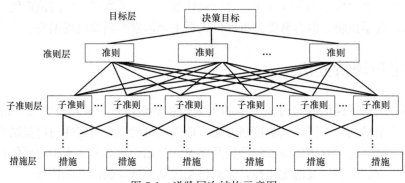

图 7-1 递阶层次结构示意图

层次数不受限制，每一层次中各元素所支配的元素一般不要超过 9 个，这是因为支配的元素过多会给两两比较带来困难。一个好的层次结构对于解决问题是极为重要的，因而层次结构必须建立在决策者对所面临的问题有全面、深入认识的基础上。如果在层次划分和确定层次元素间的支配关系上举棋不定，那么最好重新分析问题，弄清元素间的相互关系，以确保建立一个合理的层次结构。

递阶层次结构是层次分析法中最简单也最实用的层次结构形式。当一个复杂问题仅仅用递阶层次结构难以表示时，这时就要用更复杂的形式，如内部依存的递阶层次结构、反馈层次结构等，它们都是递阶层次结构的扩展形式。

2. 构造两两比较的判断矩阵

在建立递阶层次结构以后，上下层元素间的隶属关系就被确定了。假定以上层次的元素 C 为准则，所支配的下一层次的元素为 u_1，u_2，$\cdots$，u_n，目的是要按它们对于准则 C 的相对重要性赋于 u_1，u_2，$\cdots$，u_n 相应的权重，当 u_1，u_2，$\cdots$，u_n 对于准则 C 的重要性可以直接定量表示时（如利润多少、消耗材料量等），它们相应的权重量可以直接确定；但对于大多数社会经济问题，特别是比较复杂的问题，元素的权重不容易直接获得。这时，就需要通过适当的方法导出它们的权重，层次分析法所用的导出权重的方法就是两两比较的方法。按 1～9 的比例标度对重要性程度赋值，这样对于准则 C，n 个被比较元素通过两两比较构成一个判断矩阵。

$$\boldsymbol{A} = \begin{bmatrix} a_{11} & \cdots & a_{1n} \\ \vdots & \ddots & \vdots \\ a_{n1} & \cdots & a_{nn} \end{bmatrix}$$

式中：a_{ij} 就是元素 u_i 与 u_j 相对于准则 C 的重要性比例标度。1～9 比例标度的含义如下：

（1）1 表示两个元素相比，具有相同的重要性；

（2）3 表示两个元素相比，前者比后者稍重要；

（3）5 表示两个元素相比，前者比后者明显重要；

（4）7 表示两个元素相比，前者比后者强烈重要；

（5）9 表示两个元素相比，前者比后者极端重要；

（6）2，4，6，8 表示上述相邻判断的中间值。

若元素 u_i 与元素 u_j 的重要性之比为 a_{ij}，那么元素 u_j 与元素 u_i 重要性之比为 a_{ij} 的倒数。显然，判断矩阵 A 具有如下性质：

(1) $a_{ij} > 0$；

(2) $a_{ji} = a_{ij}^{-1}$；

(3) $a_{ii} = 1$。

这样的判断矩阵 A 称为正互反矩阵。由于判断矩阵 A 所具有的性质，我们对于一个 n 个元素构成的判断矩阵只需给出其上（或下）三角的 $n(n-1)/2$ 个元素即可。若判断矩阵 A 的元素具有传递性，即满足等式 $a_{ij}a_{jk} = a_{ik}$ 时，则 A 称为一致性矩阵。

3. 权重向量和一致性指标

通过两两成对比较得到的判断矩阵 A 不一定满足矩阵的一致性条件，于是找到一个数量标准来衡量矩阵 A 的不一致程度显得很必要。

设 $W = (w_1, w_2, \cdots, w_n)^{\mathrm{T}}$ 是 n 阶判断矩阵 A 的排序权重向量。当 A 为一致性矩阵时，显然有：

$$A = \begin{pmatrix} w_1/w_1 & w_1/w_2 & \cdots & w_1/w_n \\ w_2/w_1 & w_2/w_2 & \cdots & w_2/w_n \\ \vdots & \vdots & & \vdots \\ w_n/w_1 & w_n/w_2 & \cdots & w_n/w_n \end{pmatrix} = \begin{pmatrix} w_1 \\ w_2 \\ \vdots \\ w_n \end{pmatrix} \left(\dfrac{1}{w_1} \quad \dfrac{1}{w_2} \quad \cdots \quad \dfrac{1}{w_n} \right)$$

这表明 $W = (w_1, w_2, \cdots, w_n)^{\mathrm{T}}$ 为 A 的特征向量，并且特征根为 n。也就是说，对于一致性判断矩阵来说，排序向量 W 就是 A 的特征向量；反过来，如果 A 是一致性正互反阵，则有以下性质：$a_{ii} = 1$，$a_{ij} = a_{ji}^{-1}$，$a_{ij}a_{jk} = a_{ik}$。

$$A = (a_{ij})_{n \times n} = \begin{pmatrix} a_{11}^{-1} \\ a_{12}^{-1} \\ \vdots \\ a_{1n}^{-1} \end{pmatrix} (a_{11} \quad a_{12} \quad \cdots \quad a_{1n})$$

因此

$$A \begin{pmatrix} a_{11}^{-1} \\ a_{12}^{-1} \\ \vdots \\ a_{1n}^{-1} \end{pmatrix} = \begin{pmatrix} a_{11}^{-1} \\ a_{12}^{-1} \\ \vdots \\ a_{1n}^{-1} \end{pmatrix} (a_{11} \quad a_{12} \quad \cdots \quad a_{1n}) \begin{pmatrix} a_{11}^{-1} \\ a_{12}^{-1} \\ \vdots \\ a_{1n}^{-1} \end{pmatrix} = \begin{pmatrix} a_{11}^{-1} \\ a_{12}^{-1} \\ \vdots \\ a_{1n}^{-1} \end{pmatrix} n = n \begin{pmatrix} a_{11}^{-1} \\ a_{12}^{-1} \\ \vdots \\ a_{1n}^{-1} \end{pmatrix}$$

所以，这表明 $W = (a_{11}^{-1}, a_{12}^{-1}, \cdots, a_{1n}^{-1})^{\mathrm{T}}$ 为 A 的特征向量，并且由于 A 是相对向量 W 关于目标 Z 的判断矩阵，则 W 为诸对象的一个排序。

如果判断矩阵不具有一致性，则 $\lambda_{\max} > n$，并且这时的特征向量 W 就不能真实地反映 A 在目标 Z 中所占比重。衡量不一致程度的数量指标叫作一致性指标。其定义为

$$CI = \dfrac{\lambda_{\max} - n}{n-1}$$

由于，实际上 CI 相当于 $n-1$ 个特征根（最大的除外）的平均值。显然，对于一致性正互反矩阵来说，$CI = 0$。

4. 层次分析法的计算

层次分析法计算的根本问题是如何判断矩阵的最大特征根及其对应的特征向量，下面给出最大特征根与其对应的特征向量精确计算和近似计算的方法。

（1）将判断矩阵的每一列归一化：$\overline{a}_{ij} = \dfrac{a_{ij}}{\sum\limits_{k=1}^{n} a_{kj}}$（$i$，$j=1$，2，$\cdots$，$n$）。

（2）归一化后的矩阵按行相加：$\overline{w}_i = \sum\limits_{j=1}^{n} \overline{a}_{ij}$（$i$，$j=1$，2，$\cdots$，$n$）。

（3）对向量归一化，即 $w_i = \dfrac{\overline{w}_i}{\sum\limits_{j=1}^{n} \overline{w}_j}$ 则为所求特征向量。

（4）计算判断矩阵的最大特征根：

$$\lambda_{\max} = \sum_{i=1}^{n} \frac{(A\overline{w})_i}{n w_i}$$

式中，$(A\overline{w})_i$ 表示向量的第 i 个元素。

5. 层次分析法的总排序

计算同一层次所有因素对于最高层（总目标）相对重要性的排序权值，称为层次总排序，这一过程是从最高层次到最低层次逐层进行的。若上一层次 A 包含 k 个因素，即 A_1，A_2，$\cdots$，A_k，其层次总排序的权值分别为 a_1，a_2，$\cdots$，a_k，下一层次 B 包含 m 个因素，即 B_1，B_2，$\cdots$，B_m，对于因素 A_j 的层次单排序的权值分别为 b_{1j}，b_{2j}，$\cdots$，b_{mj}（当 B_k 与 A_j 无关时，取 b_{kj} 为 0）。此时，B 层次总排序的权值由表 7-1 给出。

各层总排序权值一览表 表 7-1

层次A ＼ 层次B	A_1 a_1	A_2 a_2	...	A_k a_k	B 层次总排序数值
B_1	b_{11}	b_{12}	...	b_{1k}	$\sum\limits_{j=1}^{k} a_j b_{1j}$
B_2	b_{21}	b_{22}	...	b_{2k}	$\sum\limits_{j=1}^{k} a_j b_{2j}$
...	...	...	...	...	...
B_m	B_{m1}	B_{m2}	...	B_{mk}	$\sum\limits_{j=1}^{k} a_j b_{mj}$

这一过程是从高层次到低层次进行的，如果 B 层次某些因素对于 A_j 单排序的一致性指标为 CI_j，相应地平均随机一致性指标为 RI_j，则 B 层次总排序一致性比例为：

$$CR = \frac{\sum\limits_{j=1}^{k} a_j CI_j}{\sum\limits_{j=1}^{k} a_j RI_j}$$

类似地，当 $CR<0.10$ 时，认为判断矩阵具有满意的一致性；否则，就需要调整判断矩阵的元素取值，使其具有满意的一致性。

7.2.2 NFPA101M 火灾安全评估系统

火灾安全评估系统（FSES）是 20 世纪 70 年代美国国家标准局火灾研究中心和公共健康事务局合作开发的。FSES 相当于 NFPA 101 生命安全规范，主要针对一些公共机构和其他居民区，是一种动态的决策方法。它为评估卫生保健设施提供一种统一的方法。该方法把风险和安全分开，通过运用卫生保健状况来处理风险。5 个风险因素是患者灵活性、患者密度、火灾区的位置、患者和服务员的比例、患者平均年龄，并因此派生了 13 个安全因素。通过 Dephi 调查法，让火灾专家给每一个风险因素和安全因素赋予相对的权重。总的安全水平以 13 个参数的数值计算得出，并与预先描述的风险水平作比较。

7.2.3 FRAME 方法

FRAME 方法是在 Gretener 法的基础上发展起来的，是一种计算建筑火灾风险的综合方法。它不仅以保护生命安全为目标，而且考虑对建筑物本身、室内物品及室内活动的保护，同时也考虑间接损失或业务中断等火灾风险因素。FRAME 方法属于半定量分析法，适用于新建或者已建的建筑物的防火设计，也可以用来评估当前火灾风险状况以及替代设计方案的效能。

本方法基于以下五个基本观点：

（1）在一个受到充分保护的建筑中存在着风险与保护之间的平衡。

（2）风险的可能严重程度和频率可以通过许多影响因素的结果来表示。

（3）防火水平也可以表示为不同消防技术参数值的组合。

（4）建筑风险评估是分别对财产（建筑物以及室内物品）、居住者和室内活动进行的。

（5）分别计算每个隔间的风险及保护。

FRAME 方法中，火灾风险定义为潜在风险与接受标准和保护水平的商。需要分开计算潜在风险、接受标准和保护水平。其主要用途有：指导消防系统的优化设计，检查已有消防系统的防护水平，评估预期火灾损失，折中方案的评审和控制消防工程师的质量。

7.2.4 火灾风险指数法

瑞典 Magnusson 等人提出了另一种半定量火灾风险评估方法——火灾风险指数法（Fire Risk Index Method）。该方法最初是为评价北欧木屋火灾安全性而建立的，从"木制房屋的火灾安全"项目发展演化而来的。子项目"风险评估"部分由瑞典隆德大学承担，目标是建立一种简单的火灾风险评估方法，可以同时应用于可燃的和不燃的多层公寓建筑，此方法就是"火灾风险指数法"。火灾风险指数法可以用于评估各类多层公共用房。一般分为五级，火灾风险指数最大值为 5，最小值为 0；火灾风险指数越大，表明火灾安全水平越高。与 Gretener 法相比，火灾风险指数法还增加了对火灾蔓延路线的评估，且对评估人员的火灾安全理论要求相对较低。

7.2.5　试验评估法

试验评估方法可以作为火灾风险评估的重要手段，一般可以考虑对评价目标的相关子系统的运行效果进行测试，如通风排烟系统，在地铁、隧道等大型公共建筑内进行通风效果的测试，人员流量的统计等。火灾试验方法可归纳为实体试验、热烟试验和相似试验等。

实体试验模拟研究在火灾科学的烟气流动规律、燃烧特性、统计分析以及数值模型验证等研究领域具有重要意义。对既有的评价目标进行试验测试，是最为理想的研究方法；然而，由于许多大型公共建筑实体试验的复杂性、对安全的敏感性以及巨大试验投入的限制，所以火灾风险评估中实体试验的开展受到很大的制约。

实体试验尽管最为有效，但限于实体火灾试验往往具有破坏性，为达到近似体现火灾效果，热烟试验得到更为广泛的应用。热烟试验是利用受控的火源与烟源，在实际建筑中模拟真实的火灾场景而进行的烟气测试。该试验是以火灾科学为理论基础，通过加热试验中产生的无毒人造烟气，呈现热烟由于浮力作用在建筑物内的蔓延情况，可用于测试烟气控制系统的排烟性能、各消防系统的实际运作效能以及整个系统的综合性能等。

火灾风险评估中，试验手段除了实体试验和热烟试验外，相似试验也是重要的技术途径之一。与原型相比，尺寸一般都是按比例缩小（只在少数特殊情况下按比例放大），所以制造容易、装拆方便、试验人员少，较实物试验节省资金、人力和时间。

7.3　定量评估方法

定量评估方法精度高，但过程复杂，需要充足的数据、完整的分析过程、合理的判断和假设，需要较多的人力、财力和时间。随着计算机等辅助设备的大量应用以及人们对评估精确度要求的提升，进行定量的火灾风险评估是必然的趋势。

7.3.1　风险矩阵法

风险矩阵（Risk Matrix）是一种将定性或半定量的后果分级与产生一定水平的风险或风险等级的可能性相结合的方式。依据识别的危险程度与危险发生的可能性等维度绘制风险矩阵，根据其在风险矩阵中所处的区域确定风险等级。风险矩阵可用来根据风险等级对风险、风险来源或风险应对进行排序。它通常作为一种筛查工具，以确定哪些风险需要更细致的分析，或是应首先处理哪些风险。局限性在于可能性与严重性的定论过程中存在主观性，依赖于评估人员的专业经验。

7.3.2　模糊综合评价法

模糊综合评价法是以收集的统计数据为基础，根据建筑火灾风险各影响因子确定各影响程度并进行权重计算；分析各影响因素对于火灾发生的影响，以及它们之间的互相作用，进而对整个消防体系安全性能进行评价。该评价方法适用于多因素影响情况，它可以定性描述系统情况；也可以通过主观评分进行量化，并经过模糊隶属度计算确定危险等级。该方法充分考虑各建筑火灾影响因素的影响，并结合大量实际经验及统计资料，综合判定建筑火灾危险程度。

7.3.3　事故树分析法

事故树分析法（Accident Tree Analysis，简称 ATA）起源于故障树分析法（简称 FTA），是安全系统工程的重要分析方法之一。它能对各种系统的危险性进行辨识和评价，不仅能分析出事故的直接原因，而且能深入地揭示出事故的潜在原因。用它描述事故的因果关系直观、明了，思路清晰，逻辑性强，既可定性分析又可定量分析。

1. 事故树分析法的优点

（1）它提供了一种系统、规范的方法，同时又具有足够的灵活性，可以对各种因素进行分析，包括人员行为和客观因素等；

（2）运用简单的"自上而下"方法，可以关注那些与顶事件直接相关故障的影响；

（3）图形化表示有助于理解建筑消防安全影响因素的相互作用。

2. 事故树分析法的局限性

（1）要求分析人员必须非常熟悉所分析的建筑，能准确和熟练地应用分析方法。往往会出现不同分析人员编制的事故树和分析结果不同的现象；

（2）对于建筑系统，编制事故树的步骤较多，编制的事故树也较为庞大，计算也较为复杂，给进行定性、定量分析带来困难；

（3）事故树是一个静态模型，无法处理时序上的相互关系；

（4）需对建筑火灾进行定量分析，而且需事先确定所有各基本事件发生的概率，否则，无法进行定量分析。

7.3.4　计算机模拟法

随着火灾科学的发展，现在人们常采用计算机对火灾进行动态模拟，对建筑进行消防安全评估。数值模拟可以实现多工况分析，与其他方法相比，投资少，分析全面。通过建立火灾模型，模拟火灾发展过程、烟气运动规律、消防系统控制效果，计算火场温度、压力、气体浓度、烟密度等参数，分析火灾对人员及建筑的影响，评价出建筑的消防安全水平。通过模拟结果的对比分析，可以完成对建筑消防安全的评估。评估结果的精确度和可靠性与模型的建立及模拟软件息息相关，需根据研究目的及建筑情况选择合适的软件，通常选用 FDS、fluent 等专业软件。

7.4　方法结合

7.4.1　事故树—安全检查表

根据对编制的事故树的分析、评价结果来编制安全检查表。通过事故树进行定性分析，求出事故树的最小割集，按最小割集中基本事件的多少找出系统中的薄弱环节，以这些薄弱环节作为安全检查的重点对象，编制安全检查表。还可以通过对事故树的结构重要度分析、概率重要度分析和临界重要度分析，分别按事故树中基本事件的结构重要度系数、概率重要度系数和临界重要度系数的大小，编制安全检查表。

7.4.2　层次分析法—模糊综合评价法

层次分析法—模糊综合评价法综合了层次分析法（Analytic Hierarchy Process，简称 AHP）和模糊评价法的优点，具有更为广泛的适用性。首先，运用 AHP 方法建立层次结构模型，构建判断矩阵，计算权重向量并进行一致性检验；然后，采用模糊评价法确定评价集，建立隶属度矩阵；最后，依据权重向量和隶属度矩阵对各方案层进行模糊综合评价，得出最终评价结果，克服了 AHP 方法中人的主观判断对结果的影响，使其更加符合人的认知规律。

7.4.3　神经网络学—层次分析法

神经网络学是一种模仿动物神经网络行为特征，进行分布式并行信息处理的算法数学模型。这种网络依靠系统的复杂程度，通过调整内部大量节点之间相互连接的关系，从而达到处理信息的目的。基于神经网络学的消防安全评估，可学习、记忆、分析、推理和识别火灾风险并作出判断，一般由输入层、隐藏层和输出层构成，需借助计算机设备进行大量分析学习，过程复杂，适用范围广。神经网络学与层级分析法融合应用于消防安全评估，需要建立消防安全评估指标体系。首先，根据层次分析法确定各个指标的权重并得出目标区域的评估结果；然后用搜集的指标数据和得到的评估结果作为输入输出数据，同时根据相关经验公式确定神经网络结构参数以及训练参数，最终构建神经网络模型，得出消防安全评估结论。

常见的 BP 神经网络用于评估的基本原理是：在网络模型建立以后，将样本数据代入到模型中。在网络训练和学习过程中，通过网络自身的能力调节层与层之间的权值，从而使结果逼近评估变量和评估值非线性的关系。在神经网络里的权值中，隐含着各因子们的权重，然而各因子们的权重是不需要人为干预的。在样本里的非线性的映射关系从通过训练的神经网络提取出来，并且以权重的分部形式来储存。实际应用中，当网络参数确定后，代入其他的与训练样本性质一样的数据时，BP 神经网络一样可以输出理想的评估结果。BP 神经网络在一定的条件下，还可以对样本中的部分数据进行仿真。根据以上描述，用 BP 神经网络来处理高层建筑防火评估因素这种非线性、复杂性数据是可行的，具有很大的研究和实际应用意义。

第**8**章
技术路线

本书依据以往大型公共建筑消防安全评估经验，根据建筑消防安全评估工作内容，编制了建筑消防安全评估技术路线，如图 8-1 所示。

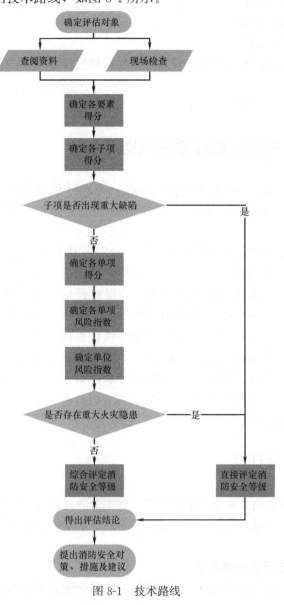

图 8-1　技术路线

8.1　前期准备

1. 收集所需资料

为提高建筑消防安全评估过程的效率,在前期将明确评估具体范围,收集所需的各种资料,重点收集与实际运行状况有关的各种资料与数据。所需资料可能包括以下方面:

(1) 评估对象的功能。

(2) 可燃物。

(3) 周边环境情况。

(4) 消防设计图样。

(5) 消防设备相关资料。

(6) 火灾应急救援预案。

(7) 消防安全规章制度。

(8) 相关的电气检测报告和消防设施与器材检测报告。

2. 制作检查表

本部分具体内容详见第 6.3.2 节。

8.2　现场勘察和火灾危险源的识别

评估单位在对评估对象进行现场勘察时,针对评估对象的特点,采用拍照、尺量、消防设施检测(必要的情况下)等评估方法,进行火灾危险源识别、火灾危险性分析。

火灾风险识别是开展火灾风险评估工作所必需的基础环节。只有充分、全面地把握评估对象所面临的火灾风险的来源,才能完整、准确地对各类火灾风险进行分析、评判,进而采取针对性的火灾风险控制措施,确保将评估对象的火灾风险控制在可接受的范围之内。一般情况下,火灾风险的来源不是一成不变的,而是与评估对象的特点息息相关。此外,由于人们对火灾风险概念的认识不同,对火灾风险来源的理解也会存在差异,因此最终的风险识别结果也会发生一些变化;但是,这种变化通常不会影响最终的评估结果,只是评估过程因人而异。总体而言,火灾风险的来源与火灾的发生发展过程密切相关,而由于火灾的发生发展过程具有一定的随机性,因此,火灾风险评估也具有较强的动态特性。

8.3　定性、定量评估

评估单位根据建筑消防安全评估的特点,确定消防评估的具体模式、采用的具体评估方法,并尽可能采用定量的安全评估方法,或定性与定量相结合的综合性评估模式,进行分析和评估。

1. 建立消防安全评估指标体系

根据调研资料,结合建筑特点,建立建筑消防安全评估指标体系。整个体系可能包含如下因素：

（1）火灾危险源

火灾危险源包括建筑构件的材质、厨房燃料、大型家具、大功率电器、可燃材料、火灾荷载密度、供电线路等因素。

（2）建筑防护性能

建筑防护性能包括建筑防火保护区内和防火控制区内建筑耐火等级、消防分区的建筑面积、建筑防火保护区内防火分隔的完整性和有效性、建筑防火保护区与防火控制区之间防火分隔的完整性和有效性等因素。

（3）消防管理能力

消防管理能力包括消防安全制度、消防安全操作规程的制定，责任人、管理人、操作人员落实情况、岗位职责落实情况、自动消防设施定期检测维保情况、消防设施完好有效情况、消防控制室设置及正常运行情况等因素。

（4）消防救援能力

消防救援能力包括消防水源、市政消防给水系统、消防道路、消防站的布局、消防站的装备、消防点的布局、消防点的装备、消防器材对现场的适用性、多种形式消防力量的建立等因素。

2. 风险计算

（1）风险因素量化及处理

考虑人的判断的不确定性和个体的认识差异，运用集体决策的思想，评分值的设计采用一个分值范围，并分别请多位专家根据所建立的指标体系，按照对安全有利的情况进行了评分，越有利得分越高，从而降低不确定性和认识差异对结果准确性的影响。然后，根据模糊集值统计方法，通过计算得出一个统一的结果。

（2）指标权重确定

目前，国内外常用评估指标权重的方法主要有专家打分法（即 Delphi 法）、集值统计迭代法、层次分析法、模糊集值统计法等。当某单项评分显著偏低，即该项存在较多问题或较大风险，但由于该项权重较小，就会出现对总分影响偏小的情形，不易引起相关单位和部门重视，即出现"权重淹没"情况。为了避免出现常权重评价法的"权重淹没"情况，基于惩罚性变权原理，可采用变权重法来解决此类问题。

（3）风险评估结果

数据处理时将采用 SPSS、Matlab 等专业工具对检查结果建立数据模型，进行描述性统计、均值比较、相关分析、回归分析、聚类分析、生存分析、时间序列分析、多重响应分析等，以表达区域火灾风险的特点，并剖析其与各个风险因素之间的内在联系。

8.4　建立消防安全评估等级标准

将消防安全水平的高低分为优、良、中和差四个等级。评估得分为 85～100 分的为"优"，70～85 分的为"良"，50～70 分的为"中"，0～50 分的为"差"，见表 8-1。

建筑消防安全评估等级与量化范围　　　　　　　　　　　　　　　表 8-1

消防安全等级	综合评定得分 ϕ	描述性说明
优	(85～100]	存在较小火灾风险,防火设计基本符合建筑的有关要求,消防设备设施基本完好有效,消防安全管理制度较完善并得到严格落实
良	(70～85]	存在一定火灾风险,防火设计不完全符合建筑的有关要求,消防设备设施的运行和维保存在少量问题,消防安全管理制度和落实情况存在少量漏洞
中	(50～70]	存在较大火灾风险,防火设计有较多不符合建筑的有关要求,消防设备设施的运行和维保存在大量问题,消防安全管理制度和落实情况存在大量漏洞
差	[0～50]	存在极大火灾风险,防火设计完全不符合建筑的有关要求,消防设施缺失或基本失效,消防安全管理制度缺失、落实不到位

8.5　确定评估结论并撰写评估报告

根据评估结果，提出相应的对策措施及建议，并按照火灾风险程度的高低进行解决方案的排序，列出存在的消防隐患及整改紧迫程度，针对消防隐患提出改进措施及提升消防安全水平的建议。整个评估流程完成后，根据建筑消防安全评估的过程和结果编制专门的技术报告，作为建筑消防安全评估的最终成果。

第9章

指标体系

9.1 指标体系构建原则

对建筑消防安全进行综合评估是一个相对复杂的系统工程，涉及的内容较多，考虑的因素也比较广泛。建立的评估指标体系是否合理、科学，关系到能否发挥评估的作用和功能，即关系到能否通过评估减小建筑火灾风险，减少事故的发生。要建立一套完善、合理、科学的评估指标体系，必须遵循科学性、系统性、综合性、适用性、可量化和稳定性等原则。

1. 科学性原则

指标体系应能够全面反映所评估建筑消防安全的各主要方面，必须以可靠数据资料为基础，采取科学、合理的分析方法，最大限度地排除评估人主观因素的影响和干扰，以保障分析评估的质量。

2. 系统性原则

实际的分析对象往往是一个复杂系统，其包括多个子系统。因此，需要对评估对象进行详细剖析，研究消防各系统与子系统间的相互关系，最大限度地识别评估对象的所有风险，才能评估它们对系统影响的重要程度。

3. 综合性原则

系统的安全涉及人、机、环境等多个方面，不同因素对安全的影响程度不同，因此，分析方法既要充分反映评估对象各方面的影响，又要防止过分强调某个因素而导致系统失去平衡。消防安全评估应综合考虑各方面的情况，对于同类系统，应尽量采用一致的评估标准。

4. 适用性原则

消防安全评估方法要适合被评估建筑的具体情况，并且具有较强的可操作性。所采用的方法要简单、结论要明确、效果要显著。若设定的不确定因素过多，计算过于复杂，导致使用人员难以理解和应用，反而得不到好的效果。

5. 可量化原则

在采用广义多指标评估时，必须采用定性指标与定量指标相结合的原则，只采用定性分析而忽略定量分析显然是不全面的，任何事物的发展变化过程都是质变和量变的统一。对于消防安全评估而言，定性分析是基础，定量分析是目标。因此，必须解决指标的可量化问题。

6. 稳定性原则

建立评估指标体系时，选取的因素应是变化比较有规律性的，原则上不应选取受偶然因素影响大的因素，这样才能保证评估结果的可信性。

9.2 指标体系构建举例

为深入贯彻落实《国务院关于加强和改进消防工作的意见》（国发〔2011〕46 号），一些省和直辖市根据公安部消防局印发的《火灾高危单位消防安全评估导则（试行）》，纷纷出台了本地区的评估规程，并结合本地实际确定了具体界定标准和评估方法。其中，辽宁省、重庆市、湖南省、广东省等地区采用了建立指标体系，设定权重进行评分的方法，具体介绍见表 9-1。

指标体系评分方法对比表 表 9-1

序号	评估办法/标准/规程/技术指南	权重方式	评估等级分级
1	辽宁省火灾高危单位消防安全评估标准	常权重	3 级（好、一般、差）
2	重庆市火灾高危单位消防安全评估规程	变权重	3 级（好、一般、差）
3	湖南省火灾高危单位消防安全评估技术指南	常权重	4 级（优秀、良好、一般、差）
4	广东省建筑消防安全评估标准	常权重	3 级（良好、一般、不合格）

下面，重点介绍一下目前国内具有典型代表意义的两种指标体系评分方法，即重庆地方标准（变权重）和广东省地方标准（常权重）。

9.2.1 重庆市地方标准

2015 年 9 月，重庆市公安消防局出台了地方标准《火灾高危单位消防安全评估规程》DB 50/T 632—2015。此规程采用了综合评价法，引入风险指数概念，其特点是应用变权原理增强评估方法的适用性。此规程指标体系内容丰富、涵盖广泛，理论系统、科学、合理、真实、客观，可为目前建筑消防安全评估工作提供借鉴和参考。

1. 指标体系构建

此规程建立的指标体系共设置 151 个要素、40 个子项和 10 个单项，并设置 10 个关键项。关键项即可能出现的"重大缺陷"项，"重大缺陷"项对应《火灾高危单位消防安全评估导则（试行）》（公消〔2013〕60 号）第六条中提出的应直接评定为"差"的 10 种情况。

2. 指标权重设定

（1）常权重建议（表 9-2）

单项、子项及其权重 表 9-2

单项			子项		
序号	内容	权重 w_i	序号	内容	在单项内的常权重 w_{ij}
1	基本情况	0.04	★1	合法性	—
			★2	消防违法行为改正	0.30
			★3	火灾历史	0.70

续表

单项			子项		
序号	内容	权重 w_i	序号	内容	在单项内的常权重 w_{ij}
2	消防安全管理	0.15	4	制度及规程	0.18
			★5	组织及职责	0.14
			6	消防安全重点部位	0.12
			7	防火巡查和防火检查	0.20
			8	火灾隐患整改	0.08
			9	消防宣传教育、培训和演练	0.15
			★10	易燃易爆危险品、用火用电和燃油燃气管理	0.08
			11	共用建筑及设施	0.05
3	建筑防火	0.14	12	耐火等级	0.10
			13	防火间距	0.13
			14	平面布置及防火防烟分区	0.25
			★15	内部装修	0.20
			16	建筑构造	0.22
			17	通风和空调系统	0.10
4	安全疏散及避难	0.19	★18	安全出口、疏散通道及避难设施	0.40
			19	火灾应急照明和疏散指示	0.25
			20	火灾警报和应急广播	0.20
			21	疏散引导及逃生器材	0.15
5	消防控制室和消防设施	0.22	★22	消防控制室	0.18
			★23	消防设施的设置和功能	0.67
			24	消防设施维护保养	0.10
			25	消防设施年度检测	0.05
6	电气防火	0.07	26	产品质量及选型	0.30
			27	运行状况	0.25
			28	防雷、防静电	0.25
			29	电气火灾预防检测	0.20
7	消防标识	0.05	30	主要出入口消防标识及消防安全告知书	0.15
			31	消防车通道、防火间距、消防登高操作面及消防安全重点部位标识	0.25
			32	消防设施设备标识	0.30
			33	制度标识和其他提示标识	0.30
8	灭火救援	0.10	★34	专职、志愿消防队	0.50
			35	灭火救援设施	0.50
9	其他消防措施	0.02	36	采取电气火灾监控等措施	0.40
			37	自动消防设施日常运行监控	0.30
			38	单位消防安全信息户籍化管理	0.30

续表

单项			子项			
序号	内容	权重 w_i	序号		内容	在单项内的常权重 w_{ij}
10	保险	0.02	39		火灾公众责任险投保	0.70
			40		投保额度	0.30

注："★"标识子项为关键项。

（2）变权原理

本规程共设置 151 个要素，要素即子项的具体评估细项。子项得分为组成该子项所有要素的得分之和，逐一对单项包含的全部子项进行评分。具体变权原理介绍如下：

若第 i 个单项由 n 个子项构成，则该单项评分按式（9-1）计算：

$$x_i = \sum_{j=1}^{n}(x_{ij}w'_{ij}) \tag{9-1}$$

式中　x_i——第 $i(i=1,2,\cdots,10)$ 个单项得分；

x_{ij}——构成该单项的各子项得分 $(i=1,2,\cdots,10;j=1,2,\cdots,n)$；

w'_{ij}——第 i 个单项第 j 个子项的变权重，按式（9-2）计算：

$$w'_{ij} = \frac{w_{ij}/x_{ij}}{\sum_{j=1}^{n}(w_{ij}/x_{ij})} \tag{9-2}$$

其中　w_{ij}——第 j 个子项的常权重，见表 9-2。

得分结果保留整数。

注：式（9-1）、式（9-2）基于惩罚性变权原理，用于避免常权重评价的"权重淹没"。以"安全疏散及避难"单项的评价为例，表 9-3 给出了单项评分计算的实例，并与"常权重"评价法进行了对比。

变权重与常权重评估方法对比　　　　　　　　　　　　表 9-3

单项（权重）	子项	常权重 w_{ij}	子项得分 x_{ij}	变权重 w'_{ij}	单项评价		
					—	常权重评价	变权重评价*
安全疏散及避难（0.19）	安全出口、疏散通道及避难设施	0.40	100	0.123	得分	75	31
	火灾应急照明及疏散指示	0.25	10	0.769	风险	中等	高
	火灾警报及应急广播	0.20	100	0.062	风险特征值	6.5	25
	疏散引导及逃生器材	0.15	100	0.046	风险指数	123.5	475

* 为本标准采用的方法。

注：本例中采用常权重评价时，单位的最佳结果为风险指数 200，等级为"好"；采用变权重评价时，单位的最佳结果为风险指数 550，等级为"一般"。

3. 风险指数引用

根据单项得分，对照表 9-4、表 9-5，分别得到单项风险等级及单项风险特征值 k。

单项风险等级				表 9-4
单项得分范围 x_i	$[0,30)$	$[30,60)$	$[60,80)$	$[80,100]$
单项风险等级	极高	高	中	低

单项风险特征值 k					表 9-5
单项得分范围 x_i	$[0,20)$	$[20,40)$	$[40,60)$	$[60,80)$	$[80,100]$
风险特征值 k_i	50	25	14	6.5	1.0

单项风险指数按式（9-3）计算：

$$R_i = 100k_i \times w_i \tag{9-3}$$

式中　R_i——第 i 个单项的风险指数；

　　　k_i——第 i 个单项的风险特征值；

　　　w_i——第 i 个单项的权重，见表 9-2。

单位消防安全的风险指数 R 按式（9-4）计算：

$$R = \sum_{i=2}^{10} R_i \tag{9-4}$$

式中　R——单位消防安全的风险指数；

　　　R_i——第 i 个单项的风险指数。

结果按表 9-6 规定的修约间隔进行数值修约。

风险指数 R 的修约间隔					表 9-6
R	$[100,200]$	$(200,500]$	$(500,1000]$	$(1000,2000]$	$(2000,5000]$
修约间隔	5	10	25	50	100

示例：若计算得到 R 的值分别为 127.5、258、971、1433 和 2556，则结果应分别表示为 125、260、975、1450 和 2600。

4. 评估结果判定

此规程评估结果的判定分为直接判定和综合判定两种方式。

直接判定：若存在重大火灾隐患或子项出现重大缺陷的，单位消防安全直接评定为"差"。

综合评定：按表 9-7 的规定，单位消防安全等级根据风险指数 R 划分为"好""一般"和"差"三个等级。

消防安全等级划分			表 9-7
R	$[100,360]$	$(360,1000]$	$(1000,5000]$
消防安全等级	好	一般	差

9.2.2　广东省地方标准

2018 年 10 月，广东省住房和城乡建设厅发布了广东省地方标准《建筑消防安全评估标准》DBJ/T 15—144—2018。此标准适用于厂房、仓库和民用建筑的新建、改建、扩建建筑，采用常权重评分方式，从建筑防火、消防设施与器材、消防安全管理三个方面对建筑安全进行综合评估。其特点是针对不同类型建筑，权重设定明确，评分标准操作简单，便于实际使用。

1. 指标体系构建

标准指标分为分项指标、单项指标和子项指标。分项指标设有 3 项，单项指标共设有22 项，子项指标设有 77 项。具体介绍如下。

（1）分项指标

分项指标包括建筑防火、消防设施与器材和消防安全管理（图 9-1）。

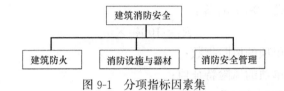

图 9-1　分项指标因素集

（2）单项指标

① 建筑防火分项的单项指标：耐火等级及总平面布局、防火分区、平面布置、安全疏散及避难、电气、灭火救援、室内外装修及保温隔热系统、通风及空气调节、防爆措施（图 9-2）。

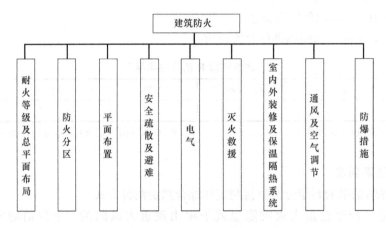

图 9-2　建筑防火单项指标因素集

② 消防设施与器材分项的单项指标：消防给水及消火栓系统、自动灭火系统、火灾自动报警系统、防排烟系统、消防电源、疏散指示标志及应急照明、灭火器及其他消防器材（图 9-3）。

③ 消防安全管理分项的单项指标：消防行政审批、消防安全制度及操作规程、消防安全组织责任制、灭火和应急疏散预案及演练、防火巡查及隐患整改、消防安全宣传教育培训（图 9-4）。

（3）子项指标

① 耐火等级及总平面布局的子项指标：耐火等级，防火间距。

② 防火分区的子项指标：建筑高度、层数和防火分区面积，防火分隔设施，竖井，上、下层面积叠加，地下或半地下商店。

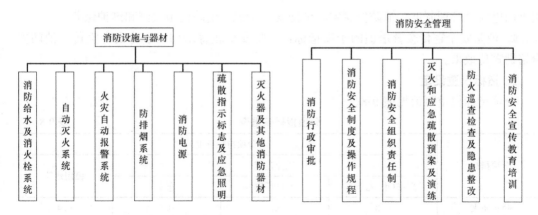

图9-3 消防设施与器材单项指标因素集　　图9-4 消防安全管理单项指标因素集

③ 平面布置的子项指标：危险物品、各功能空间和场所。

④ 安全疏散及避难的子项指标：安全疏散设施的设置，安全疏散设施的使用。

⑤ 电气的子项指标：消防用电负荷等级，架空电力线路，电线电缆，防爆电器和设备，开关插座，照明灯具，电气火灾监控系统。

⑥ 灭火救援的子项指标：灭火救援设施。

⑦ 室内外装修及保温隔热系统的子项指标：墙体保温材料，室内外装修材料，节能工程保温。

⑧ 通风及空气调节的子项指标：室内通风和空气的净化处理，排风系统。

⑨ 防爆措施的子项指标：爆炸危险厂房（仓库），防爆措施。

⑩ 消防给水及消火栓系统的子项指标：消防水源，室内消火栓，水泵接合器，室外消火栓。

⑪ 自动灭火系统的子项指标：湿式系统，干式系统，预作用系统，雨淋、水幕、防护冷却系统，大空间智能型主动喷水灭火系统，固定消防炮灭火系统，气体灭火系统，泡沫灭火系统，干粉灭火系统，细水雾灭火系统，水喷雾灭火系统。

⑫ 火灾自动报警系统的子项指标：火灾报警控制器，消防联动控制设备，火灾探测器，手动火灾报警按钮，消防应急广播，火灾警报装置，消防专用电话，防火门，防火窗，防火卷帘。

⑬ 防排烟系统的子项指标：机械加压送风系统，机械排烟系统。

⑭ 消防电源的子项指标：主备电源，发电机，备用消防电源。

⑮ 疏散指示标志及应急照明的子项指标：消防应急照明系统，疏散指示标志。

⑯ 灭火器及其他消防器材的子项指标：手提式灭火器，推车式灭火器。

⑰ 消防行政审批情况的子项指标：消防行政许可批文。

⑱ 消防安全制度及操作规程的子项指标：消防安全制度文件，消防安全档案，消防安全操作规程文件。

⑲ 消防安全组织责任制的子项指标：岗位责任制，消防组织。

⑳ 灭火和应急疏散预案及演练的子项指标：消防队，灭火和应急疏散预案及演练。

㉑ 防火巡查、检查及隐患整改的子项指标：防火巡查，防火检查，火灾隐患整改，

用火用电安全管理制度，消防控制室，消防安全标识，消防设施检测和维护保养。

㉒ 消防安全宣传教育培训的子项指标：消防安全教育培训，消防安全宣传，消防安全培训宣传效果。

2. 指标权重设定

分项指标权重赋值见表9-8。

分项指标权重表　　　　　　　　　　　　　　表9-8

分项指标	分项指标权重			
	工业建筑			民用建筑
	厂房(甲、乙类)	其他厂房	仓库	
建筑防火	0.3	0.4	0.2	0.4
消防设施与器材	0.3	0.3	0.35	0.3
消防安全管理	0.4	0.3	0.45	0.3

单项指标权重赋值见表9-9。

单项指标权重表　　　　　　　　　　　　　　表9-9

分项指标	厂房、仓库、民用建筑单项指标	单项指标权重		
		厂房	仓库	民用建筑
建筑防火	耐火等级及总平面布局	0.20	0.20	0.14
	防火分区	0.12	0.17	0.14
	平面布置	0.13	0.11	0.09
	安全疏散及避难	0.17	0.11	0.09
	电气	0.12	0.16	0.13
	灭火救援	0.07	0.08	0.07
	室内外装修及保温隔热系统	0.07	0.07	0.13
	通风及空气调节	0.07	0.05	0.07
	防爆措施	0.05	0.05	—
消防设施与器材	消防给水及消火栓系统	0.18	0.16	0.14
	自动灭火系统	0.25	0.23	0.23
	火灾自动报警系统	0.17	0.22	0.17
	防排烟系统	0.12	0.12	0.12
	消防电源	0.13	0.14	0.17
	疏散指示标志及应急照明	0.08	0.06	0.09
	灭火器及其他消防器材	0.07	0.07	0.08
消防安全管理	消防行政审批	0.22	0.23	0.18
	消防安全制度及操作规程	0.15	0.14	0.11
	消防安全组织责任制	0.12	0.12	0.12
	灭火和应急疏散预案及演练	0.20	0.16	0.18
	防火巡查、检查及隐患整改	0.14	0.19	0.17
	消防安全宣传教育培训	0.17	0.16	0.24
备注	表中"—"表示民用建筑不含该单项指标			

3. 各级风险值的计算

（1）子项指标计算

对于各子项检查内容的评分，按照符合程度在 A、B、C、D 四个评分范围内取值；除非专门规定，各子项检查内容的评分应符合表 9-10 的规定。子项指标得分为所有评估对象适用的检查测试内容得分的算术平均值。

各子项检查内容评分原则 表 9-10

评分等级	评分取值范围	符合程度
A	[90,100]	检查内容符合或基本符合
B	[60,90)	检查内容部分符合,或同一个检查内容中检查数量的 80% 及以上符合
C	[40,60)	检查内容有一般缺陷,或同一个检查内容中检查数量的 60% 及以上符合
D	[0,40)	检查内容有严重缺陷,或同一个检查内容中符合的数量不足 60%

（2）单项指标

单项指标得分为其包含的所有评估对象适用的子项指标得分的算术平均值。

（3）分项指标

分项指标得分为所有单项指标得分的加权和，即

$$\phi_i = \sum_{i=1}^{n} \phi_{ij} \omega_{ij} \tag{9-5}$$

式中　ϕ_i——第 i 个分项指标的得分；

　　ω_{ij}——第 i 个分项指标包含的第 j 个单项指标的权重；

　　ϕ_{ij}——第 i 个分项指标包含的第 j 个单项指标的得分；

　　n——第 i 个分项指标包含的适用于评估对象的单项指标的数量。

（4）消防安全评估综合评定得分

$$\phi = \sum_{i=1}^{3} \phi_i \omega_i \tag{9-6}$$

式中　ϕ_i——第 i 个分项指标的得分；

　　ω_i——第 i 个分项指标的权重。

4. 建筑消防安全等级判定

根据评估对象的消防安全状况及综合评定得分，参照表 9-11 对建筑消防安全等级进行判定。将其消防安全等级划分为良好、一般、不合格三个等级。

建筑消防安全评估等级与量化范围 表 9-11

消防安全等级	综合评定得分 ϕ	描述性说明
良好	[80～100]	发生火灾的可能性小或火灾发生后危害小,各分项指标整体符合规范要求

续表

消防安全等级	综合评定得分 ϕ	描述性说明
一般	[60～80)	有发生火灾的可能性或火灾发生后将造成一定的危害,各分项指标存在一定的消防安全隐患
不合格	[0～60)	发生火灾的可能性较大或火灾将造成较大危害,各分项指标存在较多的不符合规范问题

第10章
软件仪器

消防安全评估的软件和仪器是从事消防安全评估工作必不可少的工具。为了进一步规范消防技术服务活动，2019 年 8 月 29 日，应急管理部印发了《消防技术服务机构从业条件》，其中第四条提出，从事消防安全评估服务的消防技术服务机构，应当配备消防技术服务基础设备和消防安全评估设备。本书从软件和仪器两个方面，将消防安全评估工作常见的工具进行梳理，从而满足技术服务要求。

10.1 消防安全评估常用软件

建筑物中火灾的发展包括火灾起始、充分发展和衰灭三个阶段，是一个复杂的燃烧、传热、传质和湍流过程，其中涉及各种非线性问题。火灾计算机模拟技术涉及结构工程、火灾科学、计算机科学等学科知识体系，相当复杂。随着建筑科技的发展，开展消防安全评估常使用 FDS、Pathfinder、PyroSim、Fluent 等计算机仿真模拟软件，利用其数值计算方法和相关理论模型进行消防安全综合分析和评估。常见的消防安全评估常用软件见表 10-1。

消防安全评估常用软件一览表　　　　　　　　　　　　　　表 10-1

序号	软件类型	软件名称	软件特点
1	人员疏散能力模拟分析软件	Pathfinder	包含 SFPE 和 steering 两种人员运动模式，目前是国内使用最广泛的人员疏散软件，适用于大型建筑的疏散模拟
2		FDS＋Evac 疏散模型	将人员等价于自驱动且具有几何特性的粒子。建筑内存在一个符合流体力学规律，引导人员"流动"的虚拟流场，适用于体育场、商场等公共场所，劳动密集型工厂、轮船、火车等大型交通工具
3		Simulex	将多层建筑定义为一系列二维楼层平面图，通过楼梯连接，用三个圆代表每一个人的平面面积，适用于大型、复杂几何形状、带有多个楼层和楼梯的建筑物
4		Building Exodus	模型由 5 个互相关联的子模型组成，包括人员、移动、行为、毒性和危险子模型，适用于超市、医院、车站、学校、机场等大型空间及有大量人群逃生的建筑
5		STEPS	假定人员沿着最短路径的单元格行走，人员设置许多属性参数，如耐心等级、适应性、个体特征、对环境的熟悉程度、从众程度等；适用于各种建筑类型及预先确定运动轨迹的列车、公共汽车等载人交通工具
6		Evacuator	采用社会力模型，利用 Newton 力学原理模拟行走人群的运动，用于模拟各类建筑物中人员疏散逃生的过程

续表

序号	软件类型	软件名称	软件特点
7	烟气流动模拟分析软件	PyroSim	PyroSim 是在 FDS 的基础上发展起来的，是 Fire Dynamics Simulator(FDS) 的图形用户界面，适用于各类火灾形式，范围很广
8		Fluent	可用三角形、四边形、四面体、六面体等解决复杂的几何结构，用于二维和三维，适合地铁车站的复杂构型；可进行恒定、非恒定流，可压、不可压，层流、湍流等模拟，非常适合地铁火灾烟气复杂构成和流动特性的分析与模拟
9		FDS	以大涡模拟(LES)为基础的三维计算流体动力学软件，可模拟火灾湍流流动过程，计算火灾中烟气和热传递过程，结果较准确，但几何建模不灵活
10	结构安全计算分析软件	Abaqus	利用 Abaqus 软件进行热-力-耦合分析，模拟火在建筑物中的传递，以及整个结构和构件的变形，直到其彻底失效
11		Ansys	专业有限元分析软件，可计算系统温度等热物理量的分布及变化情况，能够完成的热分析有稳态温度场分析、瞬态温度场分析、相变分析、辐射分析
12	系统评估	建筑消防安全现场评估辅助软件	现场评估 APP，包含专业消防安全评估模块算法，指导人员进行打分拍照，自动化输出评估报告，现场资料分类存储，节省人力，提高工作效率

10.1.1　人员疏散能力模拟分析软件

近年来，随着计算机技术的飞速发展，疏散模拟软件的发展十分迅速，疏散模型、算法都在不断地更新、完善。人们对火灾中人员逃生行为的研究，逐渐由人工数据分析转变为计算机仿真模拟分析。计算机模拟是指火灾场景为一种假设情况，即如果火灾按设定的情况发生，预测人员将如何逃生。对于特定的研究对象，采用计算机软件对人员疏散情况进行模拟，获得火灾中的一些重要参数，可有效指导人员逃生。

1. Pathfinder

Pathfinder 是由美国 Thunderhead Engineering 公司开发的基于 Agent 技术的疏散模拟软件。软件中人员运动模式包括 SFPE 模式和 Steering 模式两种。SFPE 模式以人员流量为基础，人员会自动转移到最近的出口，人员不会相互影响，但列队将符合 SFPE 假设。Steering 模式是通过路径规划、指导机制、碰撞处理相结合控制人员运动。如果人员间的距离或最近点的路径超过某一阈值，可以再生新的路径，以适应新的形势。Pathfinder 软件模拟疏散过程包括以下三个方面：绘制建筑几何模型、设定人员参数和人员路径选择决策。Pathfinder 软件界面如图 10-1 所示。

（1）疏散能力

Pathfinder 为建筑师在建筑布局、建筑防火系统设计领域提供了很好的解决方案。多种模拟方式及自定义的人物属性，可以轻松实现不同的预测情景模拟，计算出灾难发生时疏散时间的保守值及最优值。Pathfinder 模拟结果可三维动态效果呈现。Pathfinder 实现了更快的疏散模拟评估，同时具有其他模拟软件无法比拟的动态演示效果。

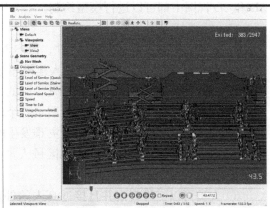

图 10-1　Pathfinder 软件界面

（2）应用领域

① 建筑防灾系统优化设计。

② 灾难逃生科学研究。

③ 人员灾难疏散模拟训练。

（3）人员设定

Pathfinder 是一个以人员为基础的模拟器，通过定义每一个人员的各种参数（人员数量、行走速度，以及与出口的距离）来实现模拟过程中各自独特的逃生路径和时间模拟，即可以模拟灾难条件下人员的疏散路径，不同区域的人员的疏散时间。软件可以定义某区域的人员密度、人员与最近出口的距离。人员走路的速度，支持内部建模、CAD 文件的导入、FDS 文件的导入。如图 10-2 所示。

（4）工作界面

Pathfinder 为疏散模型提供了三个主要视图：2D 视图、3D 视图和导航视图。这些视图表示用户当前的模型。如果在一个视图中添加、移动或删除一个物体。其他视图将同时反映这一变化。

导航视图可以帮助用户快速找到在 2D 和 3D 视图上不是很方便观察到的对象和数据。

3D 和 2D 视图都包含绘制几何出口和模型中导航的工具栏。两个视图之间

图 10-2　Pathfinder 人员设定

的主要区别是：3D 视图可以从任意方向观察模型，而 2D 视图只可以从一个正交的方向查看。此外，3D 视图不包含网格捕捉，而 2D 视图则包含网格捕捉。

3D 视图提供了数个工具用于导航，包括轨道、漫游、平移和缩放等工具。导航在 2D 视图中比在 3D 视图中简单，使用选择工具，通过单击鼠标可以选择对象，通过鼠标左键或右键点击且同时拖动，可以使视图移动，通过滑动鼠标滚轮可以放大或缩小视图。在

3D 和 2D 视图中都可以进行模型绘制。

（5）主要特点

① 支持二维和三维的 DXF 文件、FDS 和 PyroSim 格式文件的导入。内部快速建模与 DXF、FDS 等格式的图形文件的导入建模相结合；

② 三维动画视觉效果展示灾难发生时的场景；

③ 构筑物区域分解功能，同时展示各个区域的人员逃生路径；

④ 准确确定每个个体和区域在灾难发生时的最佳逃生路径和逃生时间；

⑤ 包含人物模拟器，可定义某区域人员的各种参数（人员数量、行走速度及与出口的距离）；

⑥ 人员可以三维直观并且接近真人的外观来显示人群在模型中的疏散过程，统计不同区域人员的疏散时间、疏散路径、特定出口的人员流动率、特定楼梯的人员流动率等；

⑦ 利用多种模拟模式，包括一种全新的操纵模式和以防火工程师协会的手册为基础的模式（含 Steering 模拟模式和 SFPE 模拟模式）；

⑧ 模拟的结果支持人员疏散三维动态的动画输出、形象的图像输出以及精确的分析数据输出；

⑨ 可输出各区域不同时间的逃生率的数据图表；

⑩ 可显示选定门的人员流动速率；

⑪ 可输出通过特定门的人数随时间变化的数据图表。

2. FDS＋Evac 疏散模型

火灾模拟软件 FDS 包含一个疏散模型，使得它可以进行一个耦合的火灾和疏散仿真。FDS＋Evac 软件是由芬兰 VTT 技术研究中心在美国国家标准技术局（NIST'）火灾动力学模拟软件（FDS）的基础上研发的逃生模型，可以同步模拟火灾发展和火场中人员的疏散情况。该模型采用网格计算方法，所依据的基本运算法则是通过运动方程模拟每个人的行为，采用 Helbing 提出的社会力模型作为运动计算的模型。

通过该软件，以 FDS 为平台可以直接得到和火灾相关的一些特征，如温度、烟气、CO 及 CO_2 等气体浓度的分布情况。烟气降低了能见度，烟气的刺激和窒息作用降低了人的行走速度。FDS＋Evac 软件的主疏散网格可以模拟上万人的情况，对于大型建筑物，如图书馆、候车室、体育馆等人员密集场所的火灾安全评估，提供了一种有效研究的途径，这是其他疏散软件所无法比拟的。

（1）数值模拟原理

该软件的基本算法运动模型是基于德国物理教授 Helbing 提出的社会力模型。该模型有两个假设：一是将人视为自驱动的有几何和物理特征的粒子；二是在运动过程中会受到外界物理力与"社会-心理力"的影响，人人都会有自己的运动控制方程，建筑物内存在着一个虚拟、符合流体力学规律、指示人员向出口方向行动的二维"人流"流场。该"人流"流场是理想化的流场，不考虑人员的"再进入行为""羊群行为""回避行为"等对流场的扰动。运用 FDS 的流场求解器求解二维不可压缩势流的数值近似解，就好像在出口安装了一台虚拟的"抽风机"一样，吸引"人流"从建筑物内流出。这种方式能够产生较好的人员疏散流场，该流场指引人员选择疏散出口与路线。疏散路线不一定是最短的，通常也会是接近最短路线的。

（2）使用步骤

默认情况下，有关 FDS＋Evac 的选项在 PyroSim 程序中是被禁用的。如果用户使用 FDS＋Evac 功能加载了一个模型，或者如果导入一个 FDS 文件，其中包含 FDS＋Evac 记录，PyroSim 程序会自动启动 FDS＋Evac 功能。要手动激活 PyroSim 的 FDS＋Evac 功能。

① 在 Evac 菜单，单击 Enable FDS＋Evac。依靠使用特殊的 2D 疏散特定网格和在建筑物出口的低功率的摄入量通风口来建立流场来使 FDS＋Evac 工作。在火灾模型中运行疏散模型，用户必须：

（a）定义新的网格，专门用于疏散模拟。对于这些网格，疏散（Evacuation）对话框必须被选上。

（b）定义一个排气（流出）表面，用于创建疏散流场。FDS＋Evac 手册建议，这种表面有 $1.0 \times e^{-6}$ m/s 的速度和 ramp time 为 0.1s，且使用一个双曲正切曲线。

② 在 Door 和 Exit 的位置放置通风口，并且给它们分配流出表面。

在通风口编辑器中使用 Evac 选项卡，指定通风口仅在 Evac 模拟中使用。这将会阻止通风口，影响火灾模拟。因为通风口必须放在实体对象上，所以必须使这些通风口仅在 Evac 使用。

③ 使用 Evac 菜单上的编辑器创建门 Door 和出口 Exit 对象。通常，这些将被放置在和疏散排气口相同的位置。

④ 使用 Evac 菜单上的 Initial Positions 对话框添加居住者到模拟中。为了利用 Evac（初始位置）功能限制已知的出入口，必须在每一个出入口创建疏散网格。这个二级网格必须连接到备用通风出口，并允许它接受一个备用的流场。这个流场将会被选择备用出口的居住者使用。

（3）人员设定

用户在 Evac 菜单中单击激活 FDS＋Evac（Enable FDS＋Evac）功能后，就可以对人员疏散菜单进行参数设置和编辑，其中参数包括人员类型（Person Types）、初始位置（Initial Positions）、逃生孔洞（Evac Holes）、出口（Exits）、进口（Entrances）、门（Doors）、回廊（Corridors）、斜坡/楼梯（Incline/Stairs）。

（4）结果输出

FDS＋Evac 与 FDS 类似，也有 Smokeview 的后期处理程序。不同的是，FDS＋Evac 在其基础上添加了 Evaluation 这一选项，这就可以使人员在火灾发生时的画面以三维或者二维的形式全部呈现出来。此外，FDS 的其他功能依然适用于 FDS＋Evac，包括温度、烟气、氧气等"切片"的设置，FDS＋Evac 静态的计算结果以 Office Excel 程序格式输出，可以提供定量的分析与研究。

3. Simulex

Simulex 是由苏格兰集成环境解决有限公司（Integrated Environmental Solutions Ltd）的 Peter Thompson 博士开发，用来模拟大量人员在多层建筑物中的疏散。它采用 C＋＋语言编制，只能模拟在紧急情况下人员的疏散活动，不能模拟在建筑物正常运作情况下的人流运动。

（1）疏散能力

Simulex 可以模拟大型、复杂几何形状、带有多个楼层和楼梯的建筑物，其中可以容纳上千人，用户可以看到在疏散过程中，每个人在建筑物中的任意一点、任意时刻的移动。仿真结束后，会生成一个包含疏散过程详细信息的文本文件。

（2）场景设置

Simulex 把一个多层建筑物定义为一系列二维楼层平面图，这些楼层平面通过楼梯相连接。从每一个楼层进入楼梯的出口都要在楼层平面窗口和楼梯窗口指定。楼梯和楼层平面由"Link"连接，在模型中将楼梯位置放在出口的位置。模型中的人员可以通过连接从楼层进入楼梯，反之亦然。

Simulex 无内置制图工具，楼层平面图必须来自于 CAD 软件包，例如 AutoCAD、CADD 或 QuickCAD。楼层平面图必须用标准的二维 DXF 文件格式存储。

（3）人群设定

Simulex 用三个圆来代表每一个人的平面面积，精确地模拟了实际的人员。每一个被模拟的人由一个位于中间的不完全的圆圈和两个稍小的、与中间的圆重叠的两侧圆圈所组成。如图 10-3 所示。

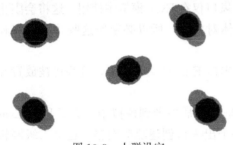

图 10-3　人群设定

（4）楼梯及连接定义

Simulex 假设一个楼梯可以用二维线性走廊代替，三维螺旋形楼梯也被简化成二维直线形式。对于连接的定义，用户需要在楼层平面和楼梯之间设定特定宽度的连接，以构造一栋建筑物的三维形式。无论何时，只要楼层平面和楼梯之间有开口就需要一个连接，每一个连接都有宽度和位置。

（5）出口定义

最终出口直线代表了建筑物中人员的最终目标，当一个人到达最终出口时，就认为已经逃生。

（6）烟雾影响

至今 Simulex 还没有尝试模拟能见度和毒性危害可能对人员产生的影响，无法反映火灾对于人群疏散的影响。

4. Building Exodus

Building Exodus 由英国格林尼治大学开发，模拟紧急情况下和非紧急情况下的建筑物中人员疏散问题。它采用面向对象技术，以 C++语言开发而成。Building Exodus 软件只用于 Windows 系统。其包含多个子模型，如 Building Exodus 用于模拟一般建筑物中的人群疏散，Airexodus 用于模拟飞机环境的人员疏散模型，Maritime Exodus 用于模拟海洋环境的人员疏散模型，Vrexodus 专门用于观察三维疏散模拟过程。

（1）疏散能力

Exodus 应用广泛，典型案例如机场二次开发、埃及金色金字塔广场、纽约第 2 街道地铁扩建、圣弗朗西斯科地铁、伦敦千禧年殿、悉尼奥林匹克体育场、世界贸易中心人员疏散分析。典型的软件性能如：1000 人，2500m^2 室内空间，15s 需使用 1.9GHz，1Gb 的 PC；8200 人，110 层楼房，25min 需使用 3.6GHz，3Gb 的 PC。

（2）场景设置

Exodus 可以通过自带的建模工具来建模，也可以通过 CAD 导入建筑物模型，导入的建筑模型主要为 dxf 格式文件。对于不同的软件模块，设置了不同的场景。比如，对于模拟海洋平台的模块 Maritime Exodus，融入了电梯、船舱、放水门以及台阶的场景。

（3）人群设定

同 Simulex 相似，用三个圆来代表每一个人的平面面积，精确地模拟了实际的人员。每一个被模拟的人由一个位于中间的不完全的圆圈和两个稍小、与中间圆重叠的肩膀圆圈所组成。它们排列在不完全的圆圈两侧，可以输入人员的性别、年龄、速度和耐心。

（4）烟雾影响

通过使用 FED 模型确定出的有毒性计算，仿真逃难者对火灾中刺激性气体的反应。火场环境和某些建筑特征的变化。通过引入火灾模拟区域模型 CFAST 或者场模型 smart-fire 的结果文件来实现。

5. STEPS

STEPS（Simulation of Transient Evacuation and Pedestrian movementS，中文名称为瞬态疏散和步行者移动模拟）是一个三维疏散软件，由 Mott MacDonald 设计。该软件可以模拟办公区、体育场馆、购物中心和地铁车站等人员密集区域在紧急情况下的人员快速疏散。

（1）疏散能力

STEPS 可以模拟多层的结构复杂的建筑物，并且对疏散人数没有要求。它可显示为三维疏散过程，可以动态监测人员的疏散行为，可以模拟正常情况下以及紧急情况下两种疏散过程。STEPS 已经被应用于一些世界级的大项目，包括加拿大埃得蒙顿机场、印度德里地铁、美国明尼阿波利斯 LRT、英国生命国际中心和伦敦希思罗机场第五出口铁路/地铁。

（2）场景设置

对环境的描述是 STEPS 的一个关键特性，它有很大的灵活性来模拟各种建筑类型。在这些建筑物之内，自然瓶颈和限制，例如走廊、座位、零售店、电话亭、分割墙、文件柜和桌子，可以与滚梯和直梯一起被模拟——按照希望改变它们的速度、方向和运输能力。STEPS 还可以模拟交通运输工具，如火车、地铁、汽车等。

STEPS 内置建模工具，可以在软件中生成几何模型，并且接受外部几何的导入，如 AutoCAD 的 dxf 格式文件。人物模型可以选择三维实体模型，具有逼真形象的效果。各种障碍物、交通工具、平面等通过栩栩如生的建模技术，用户可以身临其境分析疏散过程。

出口的流量可以设置为宽度和容量的函数，容量值可以根据一定标准设定为常规的值。

（3）人群设定

基于人群的基本运动原理，主要采用元胞自动机模型来模拟人员的疏散行为，对人群属性描述充分，才能够根据实际情况做出正确的设定。

STEPS 具有很大的灵活性，因为它可以设定具有不同属性的人员，给予他们各自的耐心等级和适应性，也可以指定年龄、尺寸和性别。在任意时刻，可以模拟无限制的人员，每一次都可以具有他们自己的议程，例如，像停下来打电话和等公共汽车的动作。通过与基于建筑法规标准的设计作比较，STEPS 的有效性已经得到验证。因此，它能够按照推荐的方法，例如 NFPA 等法规，计算疏散和行走时间。如图 10-4 所示。

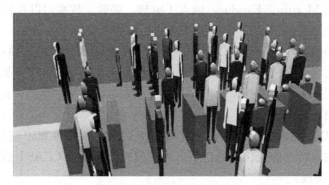

图 10-4　STEPS 人群设定

（4）烟雾影响

STEPS 可以模拟火场环境对人员疏散的影响，接受外部烟雾文件的导入，如 FDS、CFAST、CFX 等文件。

（5）后处理

STEPS 后处理功能丰富，使用带颜色的等值线图来描述特别的面和面的局部信息，这些包括当地的人群密度，Fruin 水平和使用水平；静止图片，如 JPG、TIFF、PNG 和 BMP 等格式，动画也可以根据固定或者移动的视角调整 AVI 格式中的记录顺序；可以将主要数据输出成 CSV 文本文件，可以输入到某些数据包里做进一步的分析。

6. Evacuator

人员疏散仿真软件 Evacuator 主要用于模拟各类建筑物中人员疏散逃生的过程，可以描述人员疏散的动态过程，计算人员疏散的时间，分析疏散过程中各通道与出入口的拥堵状况，得到出入口或楼梯的人员流量等数据，为消防安全评估人员评估建筑物疏散安全性、优化建筑物疏散设计方案、制订科学的疏散预案、指导疏散演练提供帮助。其特点如下：

（1）Evacuator 采用社会力模型，利用 Newton 力学原理模拟行走人群的运动。可以完美再现出口处的弧状阻塞、出口宽度充分利用、建筑转角处空间充分利用、对象行走或交叉行走时自组织现象等人员疏散的典型现象。

（2）Evacuator 通过采取各种计算方法的优化，使得软件相比于传统的社会力模型在计算精度基本不变的前提下计算性能提升了 80%，可以适用于 3 万人规模的行人疏散过程的计算。

（3）Evacuator 可以直接导入 CAD 图纸，并方便地添加出口和楼梯。

（4）Evacuator 实现了全局最优和局部最优的路径选择算法。用户可以根据行人对整个建筑系统疏散通道的熟悉程度，选择不同的路径选择算法。

（5）自动生成建筑物各种疏散数据。软件计算结束后，可以根据需要自动生成所选楼梯和出口各时刻累计通过的人员数量、楼梯和出口人员流量图、各楼层在各时刻的剩余人数，便于后续的处理和分析。

（6）利用 UC/WINROAD 软件和 3DMAX 软件相配合，可制作人员三维动画疏散视频。Evacuator 人员疏散分析软件应用示例如图 10-5 所示。

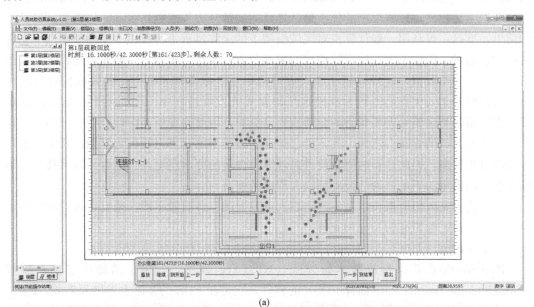

(a)

(b)

图 10-5　Evacuator 人员疏散分析软件应用示例

10.1.2　烟气流动模拟分析软件

目前的火灾模型一般有三种：区域模型、场模型和网络模型。其中，区域模型和场模型是火灾模拟中使用率比较高的模型。

区域模型的设想缘由来自于小空间建筑的火灾模拟，其主要思想是把空间划分成上下两层：热烟气层和冷空气层。它的控制方程由一些相应的一阶非线性常微分方程组组成，与场模拟方法相比，区域模型的优点是计算所需的微分方程组数目少且易于求解，计算过程简单、准确，可利用一般计算机对区域模型下的火灾过程进行模拟。场模型则以一套有关物质、动量、能量三大守恒定律构成的偏微分方程组作为根基，一般通过迭代求解获得烟气流场中的参数值，这样的解法在火灾模拟中更能体现其基础性。与区域模拟方法相比，场模型的主要优点是能较为准确地获得在火灾发展过程中不同时空下的烟气流动状况，在模拟各类建筑火灾场景时的合理性更是突显，因此在建筑消防性能化设计中受到越来越多研究人员的青睐。然而，其不足之处在于该模型的运算过程较为复杂，所需参数及方程数目也较多，因此计算时间较长且对计算机性能的要求也更高。随着计算机技术的不断发展，场模型的不足之处已经得到很大程度的解决。

计算机火灾数值模拟技术是预测建筑火灾发展的一种有效手段，是火灾理论研究的重要方法，是对试验研究的补充和完善。

1. PyroSim

PyroSim 是由美国标准技术研究院（NIST）研发的，专用于消防动态仿真模拟（Fire Dynamic Simulation，简称 FDS）的软件。它是在 FDS 的基础上发展起来的，PyroSim 是 FDS 的图形用户界面。该软件以计算流体动力学为依据，可以模拟预测火灾中的烟气、CO 毒气等的运动、温度以及浓度等情况；可以模拟的火灾范围很广，包括固体、液体、带电火灾等多种火灾形式；可以方便、快捷地建模，并支持 DXF 和 FDS 格式模型文件的导入。

（1）应用范围

PyroSim 被用来进行火灾模拟，准确地预测火灾烟气流动、火灾温度和有毒有害气体浓度分布。该软件以计算流体流动力学为理论依据，仿真模拟预测火灾中的烟气、CO 毒气等的流动、火灾温度及烟气浓度的分布。该软件可模拟的火灾范围很广，包括日常的炉火、房间火灾以及电气设备引发的多种火灾。

（2）特点

PyroSim 的特点是提供了三维图形的前处理功能，可视化编辑的效果，能够边编辑边查看所建模型，把用户从以前 FDS 建模的枯燥、复杂的命令行中解放出来。在 PyroSim 里面，不仅包括建模、边界条件设置、火源设置、燃烧材料设置和帮助等，还包括 FDS/smokeview 的调用以及计算结果后处理，用户可以直接在 PyroSim 中运行所建模型。PyroSim 支持导入二维和三维 CAD 的 DXF 文件。在二维 CAD 平面图的基础上，可以精确绘制建筑模型，也可以通过平面拉伸来形成墙体。

（3）功能组成

① 模型设置模块——分析网格，几何物体，形状、尺寸，各部分材料、质地等；

② 表面设置模块——绝缘、惰性，加热或冷却炉；

③ 化学反应设置模块——化学组成，燃点、燃烧热值等；

④ 设备设置模块——一些烟气和温度探测、喷淋等方面的设备的设置；

⑤ 运行模拟模块——运行并输出数据、图表、动画等。

（4）操作流程

PyroSim 提供的模型建立主要包括建立网格、材料定义等过程，然后得到一个完整、正确的消防模拟模型。

① PyroSim 程序中能很方便地输入已知的材料燃烧反应。

② 模拟一个由导热固体材料或燃料构成的表面时，必须对材料进行定义，说明此材料的热力学性质和热解属性。

③ 在网格条件下创建建筑物时，包括墙壁、门、窗户等以及建筑物内的沙发、桌椅等装饰物品。

④ 统计数据是设备系统的一个延伸。用户可以插入一个统计收集设备，它会输出关于在一个或多个网格中的一个特定量的较小值、较大值和平均值等数据，这些数据可以通过二维图标查看。

⑤ 在模拟中，可以使用激活事件命令来控制对象状态。

2. Fluent

Fluent 软件是美国一家公司开发的通用流场计算分析软件，包含有结构化网格及非结构化网格两个版本，可以计算的物理问题类型有不可压缩与可压缩流动，定常流动与非定常流动，含有粒子与液滴的蒸发、燃烧的过程，多组分介质的化学反应过程等。Fluent 软件是所有软件中优化模块最多、计算方法最先进、稳定性和精度最佳的软件，被广泛应用于模拟各种流体流动、传热、燃烧和污染物扩散等问题。

（1）应用范围

Fluent 软件可将空间划分成三角形、四边形、六面体和金字塔形来进行二维和三维的流动分析，适合复杂建筑分析。

（2）特点

① 适用面广。物理模型多，比如计算流体流动和热传导模型（自然对流、紊流、湍流、定常和非定常流动、可压缩和不可压缩流动等），相变模型，辐射模型，多相流模型等，几乎对于每种物理问题均能找到合适的数值解法。

② 网格支持能力强大。Fluent 软件支持变形网格、不连续的网格、滑动网格以及混合网格等。

③ 高效、省时。Fluent 软件可将不同软件之间进行数值交换，并采用统一的前、后处理工具，从而省去了在编程、计算方法、前后处理等方面投入的低效、重复的劳动。

④稳定性好。经对大量算例的考核，Fluent 软件计算结果同试验结果符合较好。

⑤ 数值算法先进。数值算法主要有耦合隐式算法、非耦合隐式算法和耦合显式算法，这些算法是商用软件中用得最多的。

⑥ 物理模型丰富、先进。Fluent 软件的物理模型较丰富，可精确地模拟湍流传热和传质、多相流、无粘流、层流、相变流、多孔介质、颗粒运动、化学反应等复杂的流动现象。

⑦ 图形后处理功能较强。Fluent 软件可以采用动画、图形、曲线以及具体数字报告的方式，将模拟结果进行输出；同时，还有专门针对旋转机械的后处理功能。

（3）功能组成

Fluent 软件主要由以下几个部分组成：建立几何模型和生成网格的前处理软件 Gambit；计算流体流动的求解器 Fluent；模拟燃烧的化学过程的 prePDF；用于将边界二维网格转化生成体三维网格的 TGid。

（4）操作流程

在模拟计算前，首先利用 Gambit 进行几何结构建模并划分网格、设置边界类型，然后选择合适的求解器对流动区域进行求解，最后将所得结果进行后处理分析。具体包括以下几步：

① 定义流场的几何参数，生成计算网格；

② 输入网格并进行网格检查；

③ 选择求解器格式；

④ 选择求解器所用的基本方程；

⑤ 定义流体的材料属性；

⑥ 确定边界类型及其边界条件；

⑦ 调整解的控制参数；

⑧ 初始化流场；

⑨ 开始求解计算；

⑩ 检查结果保存，进行后处理分析。

Fluent 软件包含丰富的物理模型、数值计算方法和强大的前后处理功能。其中，在使用前处理软件 Gambit 时，它可以自身建立模型，也可以从其他的三维建模软件导入几何模型进行建模并划分网格；可导入几何模型的三维建模软件主要有 CAD、UG、PRO/E、SOILDWORKS、ANSYS 等。Fluent 软件还包含多种求解器，包括基于压力的分离、耦合求解器，基于密度的显式、隐式求解器等。

3. FDS

FDS（Fire Dynamics Simulator）是美国国家标准研究所（NIST，全称为 National Institute of Standards and Technology）建筑火灾研究试验室（Building and Fire Research Laboratory）开发的模拟火灾中流体运动的计算流体动力学软件。该软件采用数值方法求解受火灾浮力驱动的低马赫数流动的 Nervier-Stokes 方程，重点计算火灾中的烟气和热传递过程。由于 FDS 是开放的源码，在推广使用的同时，根据使用者反馈的信息持续不断地完善程序。因此，在火灾科学领域得到了广泛应用。其源码可以从 https：//pages. nist. gov/fds-smv/下载并学习。

（1）功能组成

FDS 火灾模拟软件包含 FDS 和 smokeview 两部分。FDS 是软件的主体部分，主要完成模拟场景的构建和计算；而 smokeview 是 FDS 计算结果后处理程序，它既能处理动态数据，也能显示静态数据，并将这些数据以二维或三维形式显现出来。模型的输入数据包括：空间环境温度，建筑内物品的燃烧性质，灭火系统的影响，烟气的性质，是否考虑某些障碍物的影响，为收集有用数据所需的模拟时间，网格划分（计算精确度），所需要测量的数据类型及位置，火源种类及初始温度等。FDS 计算结果二维数据随时间变化的数据输出格式为 Office Excel 程序格式，可以通过各种数据处理软件进行处理。三维图形直接通过 smokeview 的程序进行处理，并可得到动画效果。在 FDS 中可以设置"切片"，或贯穿整个控制体的断面，通过这个断面或"切片"可以使用户直观地观察气体内的温度分布、毒气分布、烟气分布。

（2）特点

① 整合执行 FDS 和 smokeview；

② 采用地板平面图、孔洞、直角墙壁、倾斜板块和其他建模工具进行二维、三维交替进行的几何编辑；

③ 可以实现多 CPU 模拟；

④ 可导入现有的 FDS 模型，支持 FDS 额外类型；

⑤ 可导入二维或三维 AutoCAD 的 DXF 文件进行编辑或作为背景图片；

⑥ 可通过点检测器、面检测器、三维检测器计算烟气浓度、烟层高度、能见度、烟气温度等参数。

（3）计算步骤

使用 FDS 和 smokeview 的一般步骤如下：

① 建立一个 FDS 输入文件。FDS 的输入文件包括以下信息：计算域的大小、数字栅格的大小、计算域内物体的几何形状、火源的设定、燃料类型、热释放率、材料的热物性、边界条件等。

② 运行 FDS，然后 FDS 生成一个或多个输出文件。FDS 的输出参数主要是密度、温度、压力、热释放率、燃烧产物的浓度、混合分数以及热流和辐射对流等。计算中想要得到什么参数的数据，在哪个位置的数据，计算前必须在输入文件中提前设定，一旦开始计算就无法进行更改。FDS 数据的输出主要有以下几种形式：

（a）在计算区域内任何位置设置测点，以获得所需参数在该位置随时间变化的趋势；

（b）获得任意位置二维平面各种参数的变化；

（c）得到特定参数在三维空间内的等值面图；

（d）获得某一特定时间内所设定参数的静态数据，这些数据可以用二维或三维图片的形式表现出来。

③ 运行 smokeview 来分析由第 2 步产生的输出文件，运行 smokeview 可以双击文件 case-name1. smv 或直接在命令行键入 Smoke view case-name1. smokeview。smokeview 也可以用于创建新的障碍物和修改原来障碍物的属性，这种对障碍物的修改将被保存在一个新的 FDS 输入数据文件 case-name1. data 里。

10.1.3　结构安全计算分析软件

1. Abaqus

随着建筑科技的发展，对建筑物整体的防火评估以及发生火灾之后可能破坏的部位是目前在建筑结构设计中考虑的重点。Abaqus 强大的非线性功能可以很好地模拟火在建筑物中的传递，以及整个结构和构件的变形，直到彻底失效。

（1）使用场景

① 钢结构构件的防火分析。Abaqus 适用于钢结构构件的防火分析，钢材的承载性能会随着温度的升高而急剧降低，在高温条件下，无任何保护的钢结构很快会出现塑性变

形，致使建筑倒塌。在"9.11事件"中，在强烈的高温作用下，钢结构筒体的承载强度迅速下降，20min后就出现彻底破坏。Abaqus可模拟钢框架梁发生火灾，以获得火灾设计失效时间以及特定条件下的火灾灾害分析。

② 钢筋混凝土结构构件防火分析。钢筋混凝土结构在火灾下的自我保护能力明显高于钢结构，但是钢筋混凝土材料本身的非线性使得问题的分析要比单纯钢结构更加复杂，虽然属于热惰性材料，但由于火灾的高温作用，材料性能将严重劣化，在结构中将发生严重的内（应）力重分布，使结构性能大大削弱，危及结构的安全。在消防安全评估中，采用Abaqus分析梁柱节点在火灾下的变形和应力，以及破坏部位，进而探讨采取何种方法延缓破坏的发生。

（2）主要分析功能

① 静态应力/位移分析：包括线性分析、几何或材料非线性分析、结构断裂分析等。

② 动态分析：包括频率提取、瞬态响应分析、稳态响应分析、随机响应分析等。

③ 非线性动态应力/位移分析：包括各种随时间变化的大位移分析、接触分析等。

④ 黏弹性/黏塑性响应分析：包括黏弹性/黏塑性材料结构的响应分析。

⑤ 热传导分析：包括传热、辐射和对流的瞬态或稳态分析。

⑥ 退火成型过程分析：对材料退火热处理过程的模拟分析。

⑦ 质量扩散分析：静水压力造成的质量扩散和渗流分析等。

⑧ 准静态分析：包括应用显示积分方法求解静态和冲压等准静态问题。

⑨ 耦合分析：包括热/力耦合、热/点耦合、压/电耦合、流/力耦合、声/力耦合等。

⑩ 海洋工程结构分析：包括模拟海洋工程的特殊载荷，例如流载荷、浮力、惯性力；分析海洋工程的特殊结构，例如锚链、管道、电缆；模拟海洋工程的特殊连接，例如土壤/管柱连接、锚链/海床摩擦、管道/管道相对滑动（Abaqus/Aqua）。

⑪ 瞬态温度/位移耦合分析：力学和热响应耦合问题。

⑫ 疲劳分析：包括根据结构和材料的受载情况统计，进行疲劳寿命估计。

⑬ 水下冲击分析：包括对冲击载荷作用下的水下结构进行分析。

⑭ 设计灵敏度分析：包括对结构参数进行灵敏度分析，并据此进行结构优化设计。

2. Ansys

Ansys是一个大型通用的商业有限元软件，具有功能完备的前后处理器、强大的图形处理能力、奇特的多平台解决方案，平台支持NT、Linux、Unix和异种异构网络浮动，各种硬件平台数据库兼容、功能一致、界面统一。Ansys热分析用于计算一个系统的温度等热物理量的分布及变化情况，能够完成的热分析有稳态温度场分析、瞬态温度场分析、相变分析、辐射分析。

Ansys软件主要包括三个部分：前处理模块、求解模块和后处理模块，分别对应三个功能：前处理功能、强大的求解器和后处理功能。

（1）前处理功能

Ansys具有强大的实体建模技术。与现在流行的大多数CAD软件类似，通过自顶向下或自底向上两种方式，以及布尔运算、坐标变换、曲线构造、蒙皮技术、拖拉、旋转、拷贝、镜射、倒角等多种手段，可以建立真实地反映工程结构的复杂几何模型。

Ansys提供两种基本网格划分技术：智能网格和映射网格，分别适合于Ansys初学者和高级使用者。智能网格、自适应、局部细分、层网格、网格随移、金字塔单元（六面体与四面体单元的过渡单元）等多种网格划分工具，帮助用户完成精确的有限元模型。

另外，Ansys 还提供了与 CAD 软件专用的数据接口，能实现与 CAD 软件的无缝几何模型传递。这些 CAD 软件有 UG、CATIA、lDEAS、Solidwork、Solid edge、lnventor、MDT 等。Ansys 还可以读取 SAT、STEP、ParaSolid、lGES 格式的图形标准文件。

此外，Ansys 还具有近 200 种单元类型。这些丰富的单元特性能使用户方便、准确地构建出反映实际结构的仿真计算模型。

（2）强大的求解器

Ansys 提供了对各种物理场的分析，是目前唯一能融结构、热、电磁、流场、声学等为一体的有限元软件。除了常规的线性、非线性结构静力、动力分析之外，它还可以解决高度非线性结构的动力分析、结构非线性及非线性屈曲分析。提供的多种求解器分别适用于不同的问题及不同的硬件配置。

（3）后处理功能

Ansys 的后处理功能用来观察 Ansys 的分析结果。Ansys 的后处理分为通用后处理模块和时间后处理模块两部分。后处理结果可能包括位移、温度、应力、应变、速度以及热流等，输出形式包括图形显示和数据列表两种。Ansys 还提供自动或手动时程计算结果处理的工具。

10.1.4　建筑消防安全现场评估软件

消防安全评估是一项必须亲临现场勘察、检查对象分类繁多、规范交错不尽相同、现场检查耗费人力且工时难以掌握、手动整理报告耗费大量时间等实施起来非常麻烦的工作。目前，消防安全管理主要依靠人工，管理手段不够规范。发生火灾时，若应急救援不当，后果不堪设想。

为了提高消防安全管理信息化、智能化，提高建筑消防预警水平，市场上已有许多建筑消防安全评估 APP，其是集消防评估问题记录、打分等功能的手机应用。保障消防安全评估的科学性，必须提升消防安全评估现场检查效率、后期数据整理效率，提高消防安全评估类项目的整体效率。

中国建筑科学研究院防火所基于长期消防安全评估的理论基础及丰富的实践经验，开发了一款建筑消防安全现场评估软件。本节通过介绍该软件，向读者展示消防安全评估信息化工作方式。

建筑消防安全现场评估软件分为手机 APP 前端以及电脑 PC 后台两个部分。在现场采集信息的过程中，提前选定不同建筑类型的检查细则，将需要检查的项目从规范中逐一抽取出来，并标明规范出处以及相应的解决方案。APP 带有拍照功能，可将隐患照片取证收录。用户可根据手机 APP 中的显示逐项检查，防止漏查，加快速度。本软件会将现场检查情况自动打分，并上传至后台即可立即形成评估报告，下载查阅并在后台形成数据库，方便企业管理。

1. 该款软件 APP 端

该款软件 APP 端主要包括以下功能：

① 新建项目，填写建筑相关信息，包括位置、面积、消防设施、重大危险隐患等。

② 现场检查时，在现场评分中进行数据采集、评分、拍照。

③ 各项数据采集完成后，依据软件内部核心算法，后台自动计算结果。

④ 现场评分栏目中也可拍照留存现场情况，软件会自动存储。

⑤ 单个评估项目完成后，评估结果、照片都会归于同一文件夹下，照片按评估项归类。

⑥ 对多个评估对象的评估结果（包括表格、得分、照片）进行统一管理，方便拷贝、导出。

⑦ 评估结果出来后，会有主要问题和建议选项，可以针对扣分点进行选择，整理出扣分的主要问题，并在推荐的建议中进行选择。

⑧ 所有移动端操作完成后，项目会自动生成项目报告，存储在指定文件夹下。

APP 端主要截图如图 10-6 所示。

图 10-6　建筑消防安全现场评估软件 APP 端

2. 该款软件平台端

该款软件平台端主要包括以下功能：

① 由平台端进行数据汇总，各项目均可在平台端查看。

② 对项目的相关信息进行统一管理。

③ 可以计算同类型建筑得分平均值、同一区域各类建筑总的风险评估分数。

④ 便于查看项目信息，随时沟通修改。

⑤ 数据上传，终端下载。备份项目数据，安全、高效。

该软件平台端主要截图如图 10-7 所示。

(a)

(b)

图 10-7 建筑消防安全现场评估软件平台端

10.2 消防安全评估常用仪器

消防安全评估常用仪器应符合消防安全评估服务现场检测、调查取证的功能要求。参考《消防技术服务机构从业条件》，整理出消防安全评估常用仪器，见表 10-2。

消防安全评估常用仪器 表 10-2

序号	设备名称	备注	测试范围
1	秒表	量程不小于 15min；精度：0.1s	设备反应时间
2	卷尺	量程不小于 30m；精度：1mm	防火门、防火卷帘、手动报警按钮、水箱
3	游标卡尺	量程不小于 150mm；精度：0.02mm	
4	钢直尺	量程不小于 50cm；精度：1mm	
5	直角尺	主要用于对消防软管卷盘的检查	消防软管卷盘

续表

序号	设备名称	备注	测试范围
6	电子秤	量程不小于 30kg	灭火器
7	测力计	量程:50~500N;精度:±0.5%	防火门
8	强光手电	警用充电式,LED冷光源	照明
9	激光测距仪	量程不小于 100m;精度:3mm	间距
10	数字照度计	量程不小于 2000lx;精度:±5%	应急照明系统
11	数字声级计	量程:30~130dB;精度:1.5dB	警报、警铃、广播
12	数字风速计	量程:0~45m/s;精度:±3%	风口、风压、风机
13	数字微压计	量程:0~3kPa;精度:±3%;具有清零功能,并配有检测软管	风口、风压、风机
14	数字温湿度计	用于环境温湿度检测	检测区域环境
15	超声波流量计	测量管径范围:0~300mm;精度:±1%	消防给水系统
16	数字坡度仪	量程:0°~±90°;精度:±0.1°	消防车道、救援场地
17	消火栓检测压接头	压力表量程:0~1.6MPa;精度:1.6级	消火栓系统
18	喷水末端试水接头	压力表量程:0~0.6MPa;精度:1.6级	自动喷水系统
19	防爆静电电压表	量程:0~30kV;精度:±10%	控制箱、控制柜
20	接地电阻测量仪	量程:0~1kΩ;精度:±%	控制箱、控制柜、线路、泵组
21	绝缘电阻测量仪	量程:1MΩ~2000MΩ;精度:±2%	泵组控制柜
22	数字万用表	可测量交直流电压、电流、电阻、电容等	控制柜电流
23	感烟探测器功能试验器	检测杆高度不小于 2.5m,加配聚烟罩,内置电源线;连续工作时间不低于 2h	烟感
24	感温探测器功能试验器	检测杆高度不小于 2.5m,内置电源线;连续工作时间不低于 2h	温感
25	线型光束感烟探测器滤光片	减光值分别为 0.4dB 和 10.0dB 各一片;具备手持功能	红外对射探测器
26	火焰探测器功能试验器	红外线波长大于等于 850nm,紫外线波长小于等于 280nm。检测杆高度不小于 2.5m	火焰探测器
27	漏电电流检测仪	量程:0~2A;精度:0.1mA	控制箱、控制柜
28	超声波泄漏检测仪	用于可燃气体、液体泄漏检测	可燃气体探测器
29	便携式可燃气体检测仪	可检测一氧化碳、氢气、氨气、液化石油气、甲烷等可燃气体浓度	可燃气体探测器
30	数字压力表	量程:0~20MPa;精度:0.4级;具有清零功能	消火栓系统
31	烟气分析仪	测量 CO_2、CO、NO_x、SO_2 等烟气含量	气体快速分析
32	烟密度仪	测定材料、制品、组件对热和火焰的反应	材料燃烧性能
33	辐射热通量计	测量热辐射过程中热辐射迁移量的大小、评价热辐射性能	火灾防护措施测试
34	锥形量热仪	测定材料的燃烧危害性,测定结果为火灾模型建立提供依据	材料燃烧性能

1. 秒表

秒表主要有机械秒表和电子秒表两类，电子秒表主要有三按键和四按键两大类。现在，使用最为广泛的是电子秒表，机械秒表使用已很少见。目前，国产电子秒表一般是利用石英振荡器的振荡频率作为时间基准，采用 6 位液晶数字显示时间，具有显示直观、读取方便、功能多等优点。如图 10-8 所示。

（1）应用范围

秒表在建设工程消防施工质量控制、技术检测、维护管理及其消防产品现场检查中使用广泛。在消防安全评估活动中，可以用于测量

图 10-8　秒表

火灾自动报警系统的响应时间、水流指示器的延迟时间、电梯的迫降时间、灯具的应急工作时间等情形。

（2）使用方法

秒表使用前，阅读其说明书，或者参考下列操作方法进行测量操作。

① 测量单个时间。在秒表开启状态下，按 MODE 键选择，即可出现秒表功能。按下 START/STOP 按钮，开始计时，再次按下 START/STOP 按钮，停止计时，显示测出的时间数据。按 LAP/RESET 键，自动复位（即数据归零）。

② 测量多个时间。测量不同步的多组时间数据时，采用多组计时功能（可记录数据的数量以秒表的说明书为准）。测量时，首先在秒表开启状态下，按下 START/STOP 按钮，开始计时，按下 LAP/RESET 按钮，显示不同物体的计秒数停止，并显示在屏幕上方。此时秒表仍在记录，内部电路仍在继续为后面的物体累积计秒。全部物体的计秒数记录完成后正常停表，按 RECALL 可查看前面的记录情况，可用 START/STOP 和 LAP/RESET 两键上下翻动。

③ 时间、日期调整。若需要进行时刻和日期的校正与调整，可按 MODE 键，待显示时、分、秒的计秒数字时，按住 RECALL 键 2s 后见数字闪烁即可选择调整，直到显示出所需要调整的正确秒数为止，再按下 RECALL 键。

（3）注意事项

① 电子秒表定期更换电池，一般在表盘显示变暗时即可更换，不能待电子秒表电池耗尽再更换。

② 电子秒表平时放置在干燥、安全、无腐蚀的环境中，确保防潮、防振、防腐蚀、防火等防范措施到位。

③ 避免在电子秒表上放置物品。

④ 秒表损坏或者出现故障时，送专业维修单位进行维修，并定期检定。

⑤ 秒表的精度一般在 0.1～0.2s，计时误差主要因启动、停止计时的人为操作误差造成。

2. 卷尺

卷尺是日常生活中常用的工量具。钢卷尺，是建筑和装修常用工具之一，也是家庭必

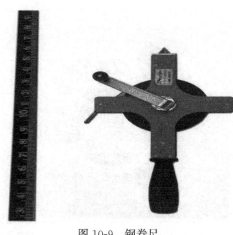

图 10-9　钢卷尺

备工具之一，分为纤维卷尺、皮尺、腰围尺等。鲁班尺、风水尺、文公尺同样属于钢卷尺。如图 10-9 所示。

卷尺适用于消防安全评估工作中，检查测量长度、高度等方面的指标，举例如下：

（1）检查推车式灭火器行驶机构的性能；

（2）消防水带的长度；

（3）对消防水枪进行抗跌落性能试验时确定跌落高度；

（4）对水带接口进行抗跌落性能试验时确定跌落高度；

（5）测量防火门的外形尺寸及其防火玻璃的外形尺寸；

（6）设在顶棚上的排烟口距可燃构件或可燃物的距离不应小于 1.00m；

（7）手提式灭火器喷射软管的长度应不小于 400mm（不包括软管两端的接头）；

（8）推车式灭火器喷射软管的长度应不小于 4m（不包括软管两端的接头和喷射枪）；

（9）在推（拉）过程中，推车式灭火器整体（除轮子外）的最低位置与地面之间的间距不小于 100mm；

（10）消防水带的长度不应小于水带标称长度 1m；

（11）对消防水枪进行抗跌落性能试验时，跌落高度为 2 ± 0.02m；三种不同姿态跌落后不应有破裂现象，且能正常操作使用；

（12）对消防水枪进行抗跌落性能试验时，内扣式接口以扣爪垂直朝下的位置、卡式接口和螺纹式接口以接口的轴线呈水平状态，从离地 1.5 ± 0.05m 高处（从接口的最低点算起）自由跌落到混凝土地面五次。接口坠落五次后检查，不应有破裂现象，且能正常操作使用；

（13）防火门长度和高度的外形尺寸应小于或等于样品描述中的外形尺寸；

（14）防火门的防火玻璃的外形尺寸应小于或等于样品描述中的玻璃外形尺寸。

3. 测距仪

测距仪是测量距离的工具，根据测距基本原理，可以分为激光测距仪、超声波测距仪和红外测距仪三类。激光测距仪是目前使用最为广泛的测距仪，是利用激光对目标的距离进行准确测定的仪器。激光测距仪在工作时向目标射出一束很细的激光，由光电元件接收目标反射的激光束，计时器测定激光束从发射到接收的时间，计算出从观测者到目标的距离。如图 10-10 所示。

（1）应用范围

测距仪可用于消防安全评估工作中测量距离、面积、空间体积。

（2）使用方法（仅供参考，可查阅具体说明书）

① 测量单个距离。将激活的激光瞄准目标区域；轻按"测量"键；设置测量距离。设备立即显示结果。

② 测量面积。按"面积"键，显示面积符号；按"测量"键，测量第一个距离；按

"测量"键，测量第二个距离；该设备在总计行显示结果，并在第二行显示下一个测量值，分别测量距离。

③ 测量空间体积。按"体积"键，显示体积符号；按"测量"键，测量第一个距离；按"测量"键，测量第二个距离；按"测量"键，测量第三个距离；该设备在总计行显示结果，并在第二行显示下一个测量值。

4. 照度计

照度计是一种测量光度、亮度的专用仪器仪表。光照度是物体被照明的程度，即物体表面所得到的光通量与被照面积之比，单位为勒克司（lux，法定符号 lx）。如图 10-11 所示。

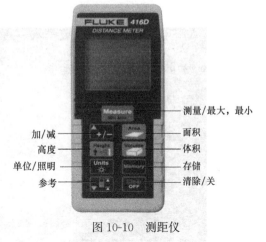

图 10-10　测距仪

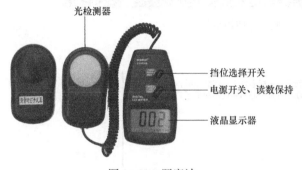

图 10-11　照度计

（1）应用范围

在消防安全评估工作中，照度计一般用于测量消防应急照明设施的照度值，并判断是否符合规范的要求。

根据《建筑设计防火规范（2018版）》GB 50016—2014 中消防应急照明的设计规定，使用照度计测量时，应急照明灯地面中心的最低照度不应低于 0.5lx，地下人防工程的照度不应低于 5lx。使用照度计测量消防控制室、消防水泵房、防烟排烟机房、消防用电的蓄电池室、自备发电机房、电话总机房等火灾发生时仍需坚持工作的房间正常照明时工作面的照度和应急照明时工作面的照度。

（2）使用方法

使用前阅读其说明书，或者参考下列操作方法进行测量操作。

① 打开光检测器盖子，并将光检测器水平放在测量目标照射范围内最不利点的位置。

② 选择适合测量档位。如果显示屏左端只显示"1"，表示照度过量，需要重新选择大的量程。

③ 当显示数据比较稳定时，读取并记录读数器中显示的观测值。观测值等于读数器中显示数字与量程值的乘积。比如：屏幕上显示 500，选择量程为"×2000"，照度测量值为 1000000lx，即（500×2000）lx。

使用范例如图 10-12 和图 10-13 所示。

5. 数字声级计

数字声级计是一种按照一定的频率计权和时间计权测量声音的仪器，测量单位一般为分贝（dB）。如图 10-14 所示。

从声级计上得出的噪声级读数必须注明测量条件，如单位为 dB，且使用的是 A 计权

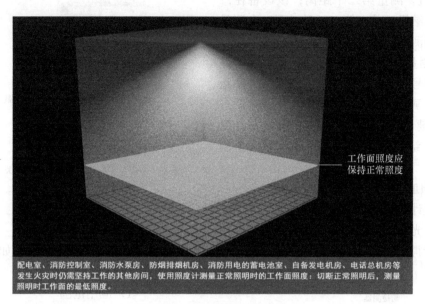

工作面照度应
保持正常照度

配电室、消防控制室、消防水泵房、防烟排烟机房、消防用电的蓄电池室、自备发电机房、电话总机房等发生火灾时仍需坚持工作的其他房间，使用照度计测量正常照明时的工作面照度；切断正常照明后，测量照明时工作面的最低照度。

图 10-12　照度计使用范例一

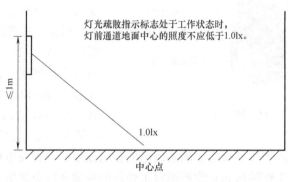

灯光疏散指示标志处于工作状态时，
灯前通道地面中心的照度不应低于1.0lx。

≤1m

1.0lx

中心点

图 10-13　照度计使用范例二

网络，则应记为 dB（A）。

（1）应用范围

在消防安全评估工作中，声级计主要用来测量报警广播、水利警铃、电警铃、蜂鸣器等报警器件的声响效果。使用范例如图 10-15 所示。

（2）使用方法

① 按下电源开关，按下 LEVEL 键，选择合适的挡位测量现在的噪声，以不出现"UNDER"或"OVER"符号为主。

② 要测量以人耳为感受的噪声，请选用 dB（A）。

③ 如果要读取即时的噪声量，请选择 FAST。如果要获得当时的平均噪声量，请选择 SLOW。

④ 如果要取得噪声量的最大值，可按"MAX"功能键，即可读到噪声的最大值。

⑤ 通常要求声级计的测量范围为 30～130dB，准确度误差为±1.5dB，取样率为

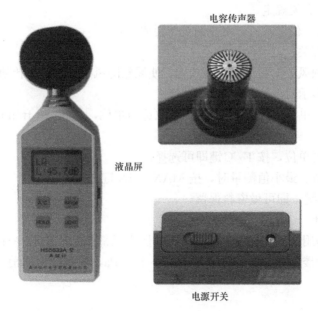

电容传声器

液晶屏

电源开关

图 10-14 声级计

2 次/s。

（3）注意事项

① 环境噪声大于 60dB 的场所，声警报的声压级应高于背景噪声 15dB。

② 用声级计测量报警阀动作后，距水力警铃 3m 处的声压级不低于 70dB。

6. 风速计

风速计是测量空气流速的仪器（图 10-16），一般为旋桨式风速计。它由一个三叶或四叶螺旋桨组成感应部分，将其安装在一个风向标的前端，使它随时对准风的来向，桨叶绕水平轴以正比于风速的转速旋转。

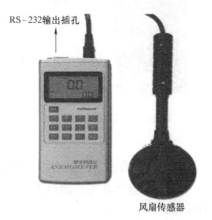

RS-232输出插孔

风扇传感器

图 10-15 声级计使用范例   图 10-16 风速计

（1）应用范围

风速计可用来测量防烟排烟系统中的送风口和排烟口的风速、风量，以校核其是否符合现行消防规范的有关规定。

（2）使用方法（仅供参考，可查阅具体说明书）

① 打开电源开关。

② 将风轮随顺风方向与风向垂直放置，使风轮随风速大小自由转动。

③ 读取液晶显示器上的风速及风温值。

④ 欲改变风速单位，按 UNIT3 键，选取适当单位，如 m/s、ft/min、knots、km/h、MPH。

⑤ 欲改变温度单位，按 ℉/℃键即可选择。

⑥ 欲做最大值、最小值测量时，按 MAX/MIN 键选择即可。

⑦ 按 HOLD 键，即可做资料保留。

7. 数字微压计

数字微压计是用于测量高层建筑内机械加压送风部位余压值的一种仪器，如图 10-17 所示。例如，防烟楼梯间的送风余压值不应小于 50Pa，前室或合用前室的送风余压值不应小于 25Pa。

（1）应用范围

数字微压计用于测量保护区域的顶层、中间层及最下层防烟楼梯间、前室、合用前室的余压值，以校核其是否符合现行消防规范的有关要求。防烟楼梯间的余压值应为 40～50Pa，前室、合用前室的余压值应为 25～30Pa。使用范例如图 10-18 所示。

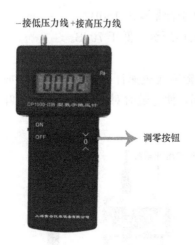

图 10-17　数字微压计

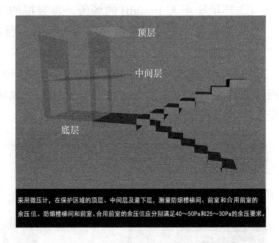

图 10-18　数字微压计使用范例

（2）使用方法（仅供参考，可查阅具体说明书）

① 打开电源开关，预热 15min，按动调零按钮，使显示屏显示"0000"（表明传感器两端等压）。

② 用胶管连接接嘴与被测压力源，测高于大气压时，接正压接嘴；测低于大气压时，接负压接嘴。另一接嘴通大气，仪器示值即为表压。用于消防监督时，正压接嘴胶管置于机械加压送风部位，负压接嘴胶管置于常压部位，观察微压计显示屏显示值，稳定后记录测量结果。

8. 烟气分析仪

在火灾中，人们被弥漫的烟气窒息，或因看不见路径而无法逃生，导致人员死亡，其最主要原因是烟气中毒。测试建筑材料在空气中燃烧产生的气体产物，对消防安全至关重要。烟气分析仪是利用电化学传感器连续分析测量 CO_2、CO、NO_x、SO_2 等烟气含量的设备，主要用于消防安全评估中建筑环境监测，即气体快速分析。如图 10-19 所示。

（1）使用方式

烟气分析仪按照使用方式，常分为手持式烟气分析仪和在线式烟气分析仪。

手持式烟气分析仪的特点是质量小、携带方便、取样快捷、读数简便，能快速测量现场气体的浓度、温度、含湿量等，便于工作人员现场使用，投资小。

在线式烟气分析仪的特点是能够连续不间断地对排放物进行监督检测，随时读取现场数据并通过远端处理系统用微机进行记录、存储，可以对排放的烟气进行连续监测，以获取全面而完整的监测数据，但投资大。

不同型号的烟气分析仪有不同的测量范围，具体技术数据及操作步骤可参考产品说明书进行使用。

（2）工作原理

烟气分析仪的常用工作原理有两种：一种是电化学工作原理，另一种是红外工作原理。市场上的便携式烟气分析仪通常将这两种原理相结合。以下是这两种烟气分析仪的工作原理介绍：

① 电化学气体传感器的工作原理：将待测气体经过除尘、去湿后进入传感器室，经由渗透膜进入电解槽，使在电

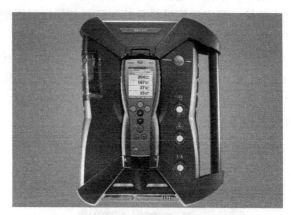

图 10-19　烟气分析仪

解液中被扩散吸收的气体在规定的氧化电位下进行电位电解，根据耗用的电解电流求出其气体的浓度。

在一个塑料制成的筒状池体内安装工作电极、对电极和参比电极，在电极之间充满电解液，由多孔四氟乙烯做成隔膜，在顶部封装。前置放大器与传感器电极连接时，在电极之间施加了一定的电位，使传感器处于工作状态。气体在电解质内的工作电极发生氧化或还原反应，在对电极发生还原或氧化反应，电极的平衡电位发生变化，变化值与气体浓度成正比。可测量 SO_2、NO、NO_2、CO、H_2S 等气体浓度，但这些气体传感器灵敏度却不相同，灵敏度从高到低的顺序是 H_2S、NO、NO_2、SO_2、CO，响应时间一般为几秒至几十秒，一般小于 1min；它们的寿命，短的只有半年，长则二三年，而有的 CO 传感器长达几年。

② 红外传感器的工作原理：利用不同气体对红外波长的电磁波能量具有不同吸收特性的原理而进行气体成分和含量分析。红外线一般是指波长 $0.76 \sim 1000\mu m$ 范围内的电磁辐射。在红外线气体分析仪器中，实际使用的红外线波长为 $1 \sim 50\mu m$。

9. 烟密度测试仪

在预防火灾发生中，测试材料的烟密度常采用烟密度测试仪，通过测试试验烟箱中光

通量的损失来进行烟密度测试，目的是确定在燃烧和分解条件下建筑材料可能释放烟的程度。在消防安全评估工作中，常通过烟密度测试仪测定材料、制品、组件对热和火焰的反应，测试结果用来作为评估消防安全性的参数或依据。烟密度仪一般由烟箱、样品支架、点火系统和光电系统等几部分组成，如图 10-20 所示。

（1）工作原理

测定时，把试样放在固定的试验箱中，在试样燃烧产生烟雾的过程中，测定平行光束穿过烟雾时速过率的变化，从而计算出在试样试验面积光程长度规定下的光密度。试验试样分为有焰燃烧和无焰燃烧两种。无焰燃烧是指当试样只受辐射炉的辐射作用而进行的试验。有焰燃烧是指试验箱内置有辐射炉的燃烧系统。试样在试验箱中既受辐射的作用，又受燃烧系统的焰燃烧。

（2）标准依据

通常，根据《建筑材料燃烧或分解的烟密度试验方法》GB/T 8627—2007 所规定的技术条件，测定建筑材料及其制品和其他材料燃烧静态产烟量。

10. 辐射热通量计

辐射热通量计是热能辐射转移过程的量化检测仪器，也称热辐射计、辐射热流计，如图 10-21 所示，用于测量热辐射过程中热辐射迁移量的大小，是评价热辐射性能的重要工具，即热辐射的大小表征热辐射能量转移的程度。在消防安全评估工作中，它常应用于火灾发生和防护测试等方面。

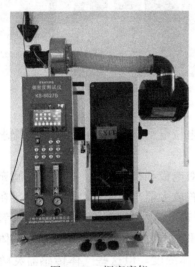

图 10-20　烟密度仪　　　　　　　　图 10-21　辐射热通量计

（1）工作原理

20 世纪 90 年代初，美国 Honywell 公司在氧化钒薄膜用于非制冷红外微测热辐射计研究取得了突破性进展，非制冷红外微测热辐射计的研究和应用引起人们的极大关注。该器件的原理是红外辐射引起氧化钒红外敏感薄膜温度升高，利用其电阻随温度变化，通过微桥支撑结构将信号传输到读出电路，形成单元红外信息。通过二维阵列信息的组合，形成红外图像。涉及的核心技术有位于硅基底的读出集成电路技术，悬浮于基底之上的氮化硅微桥技术和沉积在微桥上的氧化钒红外敏感薄膜技术三个方面。

（2）构成分类

辐射热通量计由辐射热流传感器、显示仪表及连接导线组成。显示仪表可以是数字电压表，也可以是数据记录仪或数据采集系统。辐射热流传感器是热流传感器（热通量传感器）的一个分类。

辐射热通量计依据热辐射电磁波的波长，可以分为总（总辐射＋对流）热流计、红外热辐射计、总（红外＋可见光）辐射计、阳光辐射强度计等；依据环境温度，可以分为低温热辐射计和高温热辐射计（如火焰量热计最高可达 1900℃）。

11. 锥形量热仪

锥形量热仪是以氧消耗原理为基础的新一代聚合物材料燃烧性能测定仪，如图 10-22 所示。由锥形量热仪获得的可燃材料在火灾中的燃烧参数有多种，包括释热速率（HRR）、总释放热（THR）、有效燃烧热（EHC）、点燃时间（TTI）、烟及毒性参数和质量变化参数（MLR）等。锥形量热仪法由于具有参数测定值受外界因素影响小、与大型试验结果相关性好等优点，被应用于很多领域的研究。

消防安全评估工作中，锥形量热仪是当前能够表征材料燃烧性能的最为理想的试验仪器。它的试验环境同火灾材料的真实燃烧环境接近，所得试验数据能够评价材料在火灾中的燃烧行为，从而为评估结论提供依据。

（1）燃烧性能参数测定

① 热释放速率（Heat Release Rate，简称 HRR）

HRR 是指在预置的入射热流强度下，材料被点燃后，单位面积的热量释放速率。HRR 是表征火灾强度的最重要性能参数，单位为 kW/m^2。HRR 的最大值为热释放速率峰值（Peak of HHR，简称 PkHRR），PkHRR 的大小表征了材料燃烧时的最大热释放程度。HRR 和

图 10-22 锥形量热仪

PkHRR 越大，材料的燃烧放热量越大，形成的火灾危害性就越大。

② 总释放热（Total Heat Release，简称 THR）。

THR 是指在预置的入射热流强度下，材料从点燃到火焰熄灭为止所释放热量的总和。将 HRR 与 THR 结合起来，可以更好地评价材料的燃烧性和阻燃性，对火灾研究具有更为客观、全面的指导作用。

③ 质量损失速率（Mass Loss Rate，简称 MLR）。

MLR 是指燃烧样品在燃烧过程中质量随时间的变化率，它反映了材料在一定火强度下的热裂解、挥发及燃烧程度。通过质量损失曲线，可获取不同时刻下的残余物质量，便于直观分析燃烧样品的裂解行为。

④ 烟生成速率（Smoke Produce Rate，简称 SPR）。

SPR 被定义为比消光面积与质量损失速率之比，单位为 m^2/s。

⑤ 有效燃烧热（Efective Heat Combustion，简称 EHC）。

EHC 表示在某时刻 t 时，所测得的热释放速率与质量损失速率之比，它反映了挥发性气体在气相火焰中的燃烧程度，对分析阻燃机理很有帮助。

⑥ 点燃时间（Time to Ignition，简称 TtI）。

TTI 是评价材料耐火性能的一个重要参数（单位为 s），它是指在预置的入射热流强度下，从材料表面受热到表面持续出现燃烧时所用的时间。TTI 可用来评估和比较材料的耐火性能。

⑦ 毒性测定

材料燃烧时放出多种气体，其中含有 CO、HCN、SO_2、HCl、H_2S 等毒性气体，毒性气体对人体具有极大的危害作用，其成分及百分含量可通过锥形量热仪中的附加设备收集分析。

（2）锥形量热仪的应用

锥形量热仪的试验结果可用来预测材料在大尺寸试验和真实火灾情况下的着火性能。目前，锥形量热仪已被多个国家、地区及国际标准组织应用于建筑材料、高分子材料、复合材料、木材制品以及电缆等领域。

① 评价材料的燃烧性能

综合 HRR、PkHRR 和 TtI，可以定量地判断出材料的燃烧危害性。HRR、PkHRR 越大，TtI 越小，材料潜在的火灾危害性就越大；反之，材料潜在的火灾危害性就小。

② 评价阻燃机理

由 EHC、HRR 和 SEA 等性能参数可讨论材料在裂解过程中的气相阻燃、凝聚相阻燃情况。若 HRR 下降，表明阻燃性提高，这也可由 HHC 降低和 SEA 增加得到；若气相燃烧不完全，说明阻燃剂在气相中起作用，属于气相阻燃机理。若 EHC 无大的变化，而平均 HRR 下降，说明 MLR 也下降，属于凝聚相阻燃。

③ 进行火灾模型化研究

发明锥形量热仪的初衷就是为了进行火灾模型设计。通过锥形量热仪可测定出火灾中最能表征危害性的性能参数 HRR，从而进行火灾模型设计。值得注意的是，在测试过程中，火灾模型设计需要的其他性能，如毒性、烟等也和 HRR 一并测出。

12. 消火栓系统试水检测装置

消火栓系统试水检测装置是用于检测室内消火栓的静水压力、出水压力，并校核水枪充实水柱的专用装置。试水检测装置由水带接口、短管、压力表和闷盖组成，可在消火栓出口形成一个测压环节，如图 10-23 所示。当消防栓系统试水检测装置与消火栓和水带、水枪连接时，检测栓口出水压力；当消防栓系统试水检测装置与消火栓和闷盖连接时，检测栓口静水压力。

图 10-23 消火栓系统试水检测装置

（1）应用范围

静水压力测试：使用消火栓系统试水检测装置，选择最不利处消火栓，连接压力表及闷盖，开启消火栓，测量栓口静水压力。

（2）使用方法（仅供参考，可查阅具体说明书）

消火栓栓口静水压力的测量步骤如下：

① 将消火栓测压接头接到消火栓栓口。

② 安装好压力表，并调整压力表检测位置，使其竖直向上。

③ 在消火栓测压接头出口处装上端盖。

④ 缓慢打开消火栓阀门，压力表显示的值为消火栓栓口的静水压力。

⑤ 测量完成后，关闭消火栓阀门，旋松压力表，使消火栓测压接头内的水压泄掉，然后取下端盖。在测量栓口静水压力时，开启阀门应缓慢，避免压力冲击造成检测装置损坏。

动压测试：使用消火栓试水检测装置，打开闷盖，按设计出水量开启消火栓，启动消防泵，测量最不利处消火栓出水压力。使用范例如图10-24所示。

13. 超声波流量计

超声波在流动的流体中传播时就载上流体流速的信息。因此，通过接收到的超声波就可以检测出流体的流速，从而换算成流量。超声波流量计如图10-25所示。

图10-24　消火栓系统试水检测装置使用范例

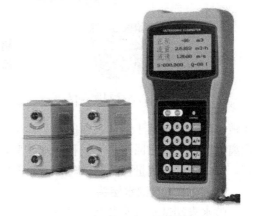

图10-25　超声波流量计

（1）应用范围

超声波流量计用来检测消火栓系统和水喷淋系统的给水量以及消防竖管的流量分配。

（2）常见分类

① 插入式超声波流量计：可不停产安装和维护，采用陶瓷传感器，使用专用钻孔装置进行不停产安装。一般为单声道测量；为了提高测量准确度，可选择三声道测量。

② 管段式超声波流量计：需切开管路安装，但以后的维护可不停产。可选择单声道或三声道传感器。

③ 外夹式超声波流量计：能够完成固定和移动测量；采用专用耦合剂（室温固化的硅橡胶或高温长链聚合油脂）安装，安装时不损坏管路。

④ 便携式超声波流量计：便携使用，内置可充电锂电池，适合移动测量，配接磁性传感器。其特点是非接触式测量方式、体积小、携带方便；适用于现场测量各种尺寸管道导声介质；内置镍氢充电电池，工作时间达20h以上；用户界面灵活，使用简单；智能型现场打印功能，保证流量数据的完整；配备一体式铝合金防护箱，可在野外恶劣环境中使

用；体积小，质量小，内置可充电锂电池，手持使用，配接磁性传感器。

⑤ 防爆型超声波流量计：用于爆炸性环境液体流量测量，为防爆兼本安型，即转换器为防爆型，传感器为本质安全型。

图 10-26　防火涂料测厚仪

14. 防火涂料测厚仪

钢结构建筑的使用越来越广泛，钢结构建筑必须进行防火涂料的喷涂，避免钢材因超过温度而出现坍塌事故，造成人员伤亡和财产损失。防火涂料的厚度是影响防火效果的重要因素，需要检测保障消防施工质量。防火涂料测厚仪（图 10-26）是高新技术的结晶，根据《钢结构防火涂料应用技术规程》T/CECS 24—2020 设计，可以精确测量材料上非磁性涂层的厚度，广泛地应用在制造业、金属加工业、化工业、商检等检测领域。

（1）应用范围

防火涂料测厚仪适用于测量薄型（膨胀型）、超薄型钢结构防火涂料的厚度检查和膨胀倍数检查。

（2）工作原理

钢结构防火涂料测厚仪采用电磁感应法测量涂镀层的厚度。位于部件表面的探头产生一个闭合的磁回路，随着探头与铁磁性材料间的距离的改变，该磁回路将不同程度地改变，引起磁阻及探头线圈电感的变化。利用这一原理，可以精确地测量探头与铁磁性材料间的距离，即涂镀层厚度。

15. 喷水末端试水接头

喷水末端试水接头装置（图 10-27）可用于模拟一只喷头开放，进行灭火功能试验，并进行动、静压力的测量。

（1）应用范围

① 高位水箱供水时最不利点喷头的工作压力；

② 水流指示器动作报警时间；

③ 报警阀的压力开关动作报警时间；

④ 距水力警铃 3m 远处的声强；

⑤ 喷淋泵完成启动的时间；

⑥ 喷淋泵供水的最不利点喷头工作压力；

⑦ 水流指示器、压力开关的复位。

（2）使用方法（仅供参考，可查阅具体说明书）

检测人员将接头与水喷淋系统管道末端的试验阀门连接，将装置的末端的螺母卸下，开启水喷淋系统末端的试验阀门，即可进行检测。

16. 点型感烟探测器试验器

顾名思义，点型感烟探测器试验器是用于测试点型感烟探测器功能的仪器，如图 10-28 所示。

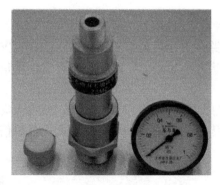

图 10-27 喷水末端试水接头装置

图 10-28 点型感烟探测器试验器

（1）应用范围

该仪器适用于点型感烟探测器功能的测试。

（2）使用方法（仅供参考，可查阅具体说明书）

用加烟器向点型感烟探测器施加烟气，点型感烟探测器的报警确认灯应长时间亮起，并保持至复位；同时，火灾报警控制器应有对应的报警点显示，显示的位置应与点型感烟探测器所在的位置一致。

在火灾报警控制器处复位，刚才报警的点型感烟探测器的报警确认灯就结束长时间亮起状态，恢复到正常监视状态。

如果 30s 内探测器灯亮，属于正常；否则，为不合格。

17. 点型感温探测器试验器

顾名思义，点型感温探测器试验器是用于测试点型感温探测器功能的仪器，如图 10-29 所示。

（1）应用范围

该仪器适用于检查点型感温探测器。

（2）使用方法（仅供参考，可查阅具体说明书）

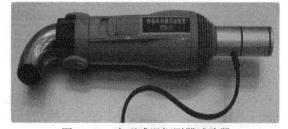

图 10-29 点型感温探测器试验器

用热风机向点型感温探测器的感温元件加热，点型感温探测器的报警确认灯应长时间亮起并保持至复位；同时，火灾报警控制器应有对应的报警点显示，显示的位置应与点型感温探测器所在的位置一致。

在火灾报警控制器处复位，刚才报警的点型感温探测器的报警确认灯就结束长时间亮起状态，恢复到正常监视状态。

（3）注意事项

热风机应能产生使点型感温探测器报警的热气流，进行试验时气流温度应大于 80℃。

18. 线型光束感烟探测器滤光片

该滤光片是用于测试线型光束感烟探测器功能的仪器，如图 10-30 所示。

（1）应用范围

该滤光片适用于检查线型光束感烟探测器，其工作原理如图 10-31 所示。

（2）使用方法（仅供参考，可查阅具体说明书）

① 选用两片不同透光度的滤光片：0.9dB 滤光片和 10.0dB 滤光片。

② 将透光度为 0.9dB 的滤光片置于探测器的光路中并尽可能靠近接收器，观察火灾报警控制器的显示状态和火灾探测器的报警确认灯状态。如果 30s 内未发出火灾报警信号，说明该探测器正常。

③ 将透光度为 10.0dB 的滤光片置于探测器的光路中并尽可能靠近接收器，观察火灾报警控制器的显示状态和火灾探测器的报警确认灯状态。如果 30s 内未发出火灾报警信号，说明该探测器正常。

图 10-30 线型光束感烟探测器滤光片

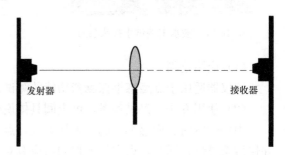

图 10-31 线型光束感烟探测器滤光片工作原理

图 10-32 火焰探测器功能试验器

（3）注意事项

因为线型光束感烟火灾探测器的响应阈值应不小于 1.0dB，不大于 10.0dB，所以 0.9dB 和 10.0dB 的滤光片都是探测器不响应的极限值。所以，当放置这两片滤光片在探测器光路中时，如果探测器不响应，则认为探测器正常；如果探测器报警，则认为探测器不正常。必须两次测试都合格，则认为探测器正常。

19. 火焰探测器功能试验器

火焰探测器功能试验器是用于测试火焰探测器功能的仪器，如图 10-32 所示。

（1）应用范围

该仪器用于火焰探测器调试、验收和维护检查。对火焰探测器、感温（定温、差定温）探测器进行火灾响应试验。

（2）使用方法（仅供参考，可查阅具体说明书）

将火焰光源（如打火机、蜡烛，火焰高度 4cm 左右）置于距离探测器正前方 1m 处，静止或抖动，点型火焰火灾探测器的报警确认灯应长时间亮起并保持至复位；同时，火灾报警控制器应有对应的报警点显示，显示的位置应与点型火焰火灾探测器所在的位置一致。

在探测器监测视角范围内、距离探测器 0.55～1.00m 处，放置紫外光波长小于 280nm 或红外光波长大于 850nm 光源，静止或抖动，在 30s 内，查看探测器报警确认灯和火灾报警控制器火警信号显示；撤销光源后，查看探测器的复位功能。

在火灾报警控制器处复位，刚才报警的点型火焰火灾探测器的报警确认灯就结束长时间亮起状态，恢复到正常监视状态。

①　火焰光源（如打火机、蜡烛）的火焰高度应在 4cm 左右，如图 10-33 所示。

②　应将火焰光源置于距离探测器正前方 1m 处。

③　可以同时用秒表测定从报警确认灯亮起至火灾报警控制器发出报警声光和显示的响应时间。

20. 红外测温仪

红外测温仪是用来非接触测量温度的仪器，如图 10-34 所示。它的测温原理是将物体发射的红外线具有的辐射能转变成电信号，红外线辐射能的大小与物体本身的温度相对应，根据转变成电信号的大小可以确定物体的温度。

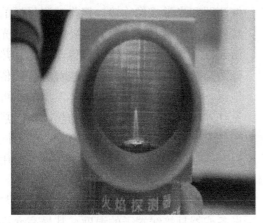

智能USB供电

激光发射口

显示面板

扳机

图 10-33　火焰探测器功能试验器的火焰正常高度　　　　图 10-34　红外测温仪

（1）应用范围

红外测温仪无须接触，即可快速、精确地测量物体表面温度，非常方便。在电气消防安全检测时，它可用来检测电气线路超温情况。它是电气消防检测不可缺少的检测仪器。

红外测温仪分为便携式红外测温仪和固定式红外测温仪。我们在消防电气检测中常用的是测量范围在 $-30 \sim 350$℃，精度 $\pm2\%$ 或 ±2℃ 的便携式红外测温仪。使用范例如图 10-35 和图 10-36 所示。

图 10-35　红外测温仪使用范例一　　　　　　图 10-36　红外测温仪使用范例二

（2）使用方法（仅供参考，可查阅具体说明书）

红外测温仪会在按下扳机时打开，若连续 8s 内没有检测到目标，测温仪会关闭。测量温度时，将测温仪瞄准目标，拉起并保持扳机不动，再松开扳机，以保持温度读数。一定要考虑距离与光点尺寸比及视场。激光仅用于瞄准目标物体，如图 10-35 和图 10-36 所示。

要找出热点或冷点，则将测温仪瞄准目标区域之外，然后，缓慢地上下移动，以扫描整个区域，直到找到热点或冷点为止。

21. 红外热像仪

红外热像仪（图 10-37）是利用红外探测器和光学成像物镜，接收被测目标的红外辐射能量，并反射到红外探测器的光敏元件上，从而获得红外热像图。这种热像图与物体表面的热分布场相对应。通俗地讲，红外热像仪就是将物体发出的不可见红外辐射能量转变为可见的热图像。热图像上面的不同颜色代表被测物体的不同温度。在消防监督检查工作中，它一般用于测量电气火灾隐患。

图 10-37　红外热像仪

用红外热像仪测量导线接头、导线与设备或器具接线端子的温度，其最高允许温度应符合相关规定。红外热像仪使用范例如图 10-38 所示。

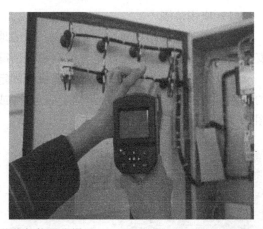

图 10-38　红外热像仪使用范例

22. 防爆型静电电压表

在一些具有可燃性气体或粉尘的场所，静电是绝对要禁止的，而静电又往往无法发现和感觉到。对于管道或皮带的输送、物料的搅拌或人体上产生的静电，是日常检查的重点之一。利用防爆型静电电压表（图 10-39）就可以测量这些场所的静电电压。

（1）应用范围

① 石油、化工、粮食加工、粉末加工、管道输送气体、液体、粉尘等。

② 气体、液体、粉尘的喷射（冲洗、喷漆、泄漏）。

③ 皮带输送。

④ 物料搅拌、混合、过滤等。

⑤ 高速行驶的交通工具。

⑥ 人体静电（行走、脱衣、梳理毛发、用有机溶剂洗衣等产生）。

（2）使用方法（仅供参考，可查阅具体说明书）

① 打开电源开关，接通电源。

② 距离带电体30cm以上处按调零开关调零，消除感应屏上的静电。

③ 将电压表探头由30cm处靠近被测物体规定的距离处，读取电压值（为液晶显示值×10）。

④ 不要用手去触摸感应屏，以免损坏输入器件。

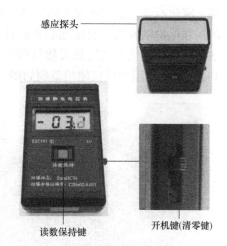

图 10-39　防爆型静电电压表

（3）注意事项

① 电极板不能直接接触被测物体，以免发生静电转移，影响测量准确性。

② 应保持感应板的清洁。

③ 感应板不能碰撞硬物体。

④ 仪器显示数字不清或不显示时，请打开后盖，更换电池。

⑤ 由于静电总是集中在物体的尖端、边缘等部位，这些部位的电荷密度高且容易放电。因此，测量时要尽可能测量这些部位。

⑥ 防爆静电电压表的测量范围宜在0～40kV，误差小于±20V。

图 10-40　接地电阻测试仪

23. 接地电阻测试仪

接地电阻测试仪是检验测量接地电阻的常用仪表，也是电气安全检查与接地工程竣工验收不可缺少的工具，如图10-40所示。

（1）应用范围

在消防监督检查工作中，它一般用于测量储油罐、避雷针等防雷接地电阻。例如，防火检测中，甲、乙、丙类液体贮罐及其附属设备应设接地装置，接地电阻不应大于10Ω。

（2）注意事项

电气系统的接地电阻值应符合设计文件。如设计无规定时，则单独设置配电系统保护接地，其接地电阻不应大于4Ω。

防静电接地电阻值应符合下列数值：

① 防静电与防感应雷共用接地的接地电阻不应大于10Ω；

② 单独设置的防静电保护的接地装置电阻不应大于100Ω。

加油加气站采用共用接地装置时，接地电阻不应大于4Ω。单独设置接地装置时，油罐、液化石油气罐和压缩天然气储气罐组的防雷接地装置的接地电阻，配线电缆金属外皮两端和保护钢管两端的接地装置的接地电阻不应大于 10Ω；保护接地电阻不应大于 4Ω；地上油品、液化石油气和天然气管道始、末端及分支处的接地装置的接地电阻不应大于 30Ω。接地电阻测试仪使用范例如图 10-41 所示。

图 10-41　接地电阻测试仪使用范例

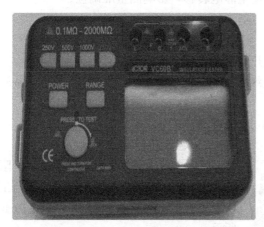

图 10-42　绝缘电阻测试仪

24. 绝缘电阻测试仪

绝缘电阻测试仪是一种用于测量各种绝缘材料的电阻值及变压器、电机、电缆及电气设备等绝缘电阻的专门仪器，如图 10-42 所示。

（1）应用范围

它用于检测相线与设备接地线之间的电阻，并判断绝缘程度。在消防监督检查工作中，它一般用于测量导线的对地绝缘电阻。

导线的绝缘皮无论是聚氯乙烯塑料还是橡胶层，随着使用时间变长，会出现自然老化现象；或由于负荷较大，使导线发热而使其绝缘性能下降。绝缘层的绝缘性能的下降往往是用肉眼无法发现的，这种隐患将可能导致火灾和人身危险。另外，日常安全检查时，导线的相线和电气设备的绝缘性能也是检查的重点，需要测量相线和设备接地线之间的电阻，以判断相线和设备之间的绝缘程度。

（2）使用方法（仅供参考，可查阅具体说明书）

① 仪器开始自动检测电池容量，当指针停在 BATT.GOOD 区时，则电池是好的；否则，需充电。

② 选择需要的测试电压（2.5kV/5kV/10kV）。

③ 按动测试键，开始测试。这时测试键左边高压输出指示灯发亮，并且仪表内置的蜂鸣器每隔 1s 响一声，代表 LINE 端有高压输出。

④ 仪表每隔一定时间（15s、1min、10min）发出提示声。

⑤ 当绿色 LED 灯亮，在外圈读绝缘电阻值（高范围）；当红色 LED 灯亮，则读内圈刻度，对（2.5kV 和 5kV）或（5kV 和 10kV）双电压等级的绝缘测试，则读黑色和红色刻度（对 HT2550 或 HT2503 型而言）。测试完后，再次按动测试键，仪表停止测试。等几秒钟，不要立即把探头从测试电路移开。这时，仪表将自动释放测试电路中的残存电荷。

（3）注意事项

① 当外接交流电源未接通时，如果仪表电源指示灯未亮，则应接入交流电源给机内电池充电。

② 测试过程中严禁触摸 LINE 端裸露部分，以免发生触电危险。

③ 试验完毕或重复进行试验时，必须将被测试物体短接后对地充分放电（仪表也有内置自动放电功能，不过时间较长）。

25. 万用表

万用表是电气检测作业中最常用的仪器之一。此仪表可用来测量直流和交流电压、直流电流、电阻、温度、二极管正向压降、晶体管 hFE 参数及电路通断等，如图 10-43 所示。在消防监督检查工作中，涉及这些参数的测量时均可使用数字万用表。

（1）应用范围

万用表用来测量直流和交流电压、直流电流、电阻、温度、二极管正向压降、晶体管 hFE 参数及电路通断等。

① 应用例子 1：检查水流指示器（有延迟功能或无延迟功能）有无输出信号。

图 10-43　万用表

对于没有延迟功能的水流指示器，将万用表连接水流指示器的输出接线，将水流指示器桨片沿着箭头指示方向推到底，万用表应有接通信号。

对于有延迟功能的水流指示器，将万用表连接水流指示器的输出接线，将水流指示器桨片沿着箭头指示方向推到底；同时，启动秒表，延迟时间后万用表应有接通信号。

② 应用例子 2：检查气体灭火控制器反馈。

拆开该防护区启动钢瓶的启动信号线，并与万用表连接。将万用表调节至直流电压挡后，触发该防护区的紧急启动按钮并用秒表开始计时，测量延时启动时间，经 30s 延时后，查看防护区内声光报警装置、通风设施及入口处声光报警装置的动作情况，查看气体灭火控制器与消防控制室显示的反馈信号。

（2）使用方法（仅供参考，可查阅具体说明书）

将黑表笔插入 COM 插孔、红表笔插入 VΩ 插孔，将旋钮旋到比估计值大的量程，选择要测的档位，将表笔接电源或电池两端，保持接触稳定，数值即可直接从显示屏上读取。

26. 钳形电流表

用普通电流表测量，需要将电路切断停机后才能将电流表接入进行测量。钳形电流表由电流互感器和电流表组合而成（图 10-44），被测电流所通过的导线可以不必切断就可穿过铁心张开的缺口来测量。钳形电流表通常可测量交流电流、交直流电压及电阻，适用于大电流的测试，使用方便，是防火检查和电气消防检测不可缺少的检测仪器。

图 10-44　钳形电流表

图 10-45　钳形电流表使用范例

（1）应用范围

钳形电流表可用于交直流电流电压测量、交流电流测量、电阻、二极管及通断测试、火线判别等。

（2）使用方法（仅供参考，可查阅具体说明书）

将功能开关置于 A～挡，用钳头卡住单根被测导线，调整被测导线与钳头垂直并处于钳头的几何中心位置，检查钳头是否闭合良好。此时，LCD 读数即为被测交流电流值，如图 10-45 所示。

27. 测力计

利用金属的弹性制成标有刻度用以测量力的大小的仪器，称为"测力计"，如图 10-46 所示。测力计有各种不同的构造形式，但它们的主要部分都是弯曲有弹性的钢片或螺旋形弹簧。当外力使弹性钢片或弹簧发生形变时，通过杠杆等传动机构带动指针转动，指针停在刻度盘上的位置即为外力的数值。

测力计适用于检查消防水带的单位长度质量；测量手动开启排烟防火阀的最大操作力；测量开启排烟阀的拉力；检漏装置测试；闭门器开启/关闭力矩的测试。

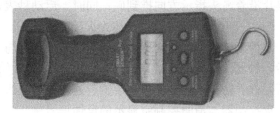

图 10-46　测力计

对于消防监督技术装备的管理与维护，应建立消防监督技术装备使用管理制度，明确专人管理、维护和保养。装备的使用人员应熟悉装备和系统的性能、技术指标及有关标准，并接受相应的培训，遵守操作规程。

（1）所有设备的技术资料、说明书、维修和计量检定记录应存档备查。

（2）凡依法需要计量检定的装备应进行定期计量检定，以保证装备的可靠性。

第11章
组织架构

11.1 岗位设置

建筑消防安全评估组织架构的岗位一般可分为管理层岗位和执行层岗位两大类，如管理层可设置项目负责人、项目总工、项目助理、体系评估组组长、现场评估组组长和技术支持组组长等岗位，执行层岗位也可按具体工作内容划分成若干小组，例如责任体系评估组、制度体系评估组、现场检测评估组、措施对策分析组、指标体系研究组和评估报告编制组等。项目组组织架构图示例如图 11-1 所示。

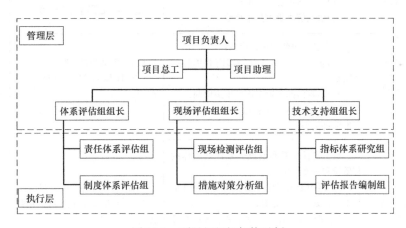

图 11-1　项目组组织架构示例

11.2 任职资格

（1）管理层岗位人员

建筑消防安全评估组织架构的管理层岗位人员的任职资格如下：

① 项目负责人职称应为高级工程师及以上职称，一级注册消防工程师，主持并参与完成不少于 10 个项目的消防安全评估与咨询工作，具有丰富的项目经验。

② 项目总工职称应为高级工程师及以上职称。

③ 项目助理职称应为工程师及以上职称。

④ 各组组长职称均应为工程师及以上职称。

⑤ 管理人员一般应具有一级注册消防工程师资格证书。

（2）执行层岗位人员

建筑消防安全评估组织架构的执行层岗位人员的任职资格如下：

① 执行层岗位部分人员应具有消防安全评估、消防检测、消防报告撰写等工作经验。

② 全部应具有大专以上学历。

11.3 岗位职责

为了进一步明确各岗位职责，本书对每个岗位人员的任职资格和专业要求做了推荐性的规定，可供读者参考使用，详见表11-1。

岗位职责一览表（示例）　　　　表11-1

序号	岗位	职责	任职资格(推荐)	专业要求
1	项目负责人	对项目总体质量和进度负责：(1)全程参与项目联络、沟通等工作；(2)对评估报告进行审定	(1)高级工程师及以上职称；(2)具有较强的团队管理能力；(3)一级注册消防工程师	消防安全行业相关专业
2	项目总工	对项目质量负责：(1)对评估报告进行审核；(2)协调解决重大技术难题	(1)研究员职称；(2)一级注册消防工程师	消防安全行业相关专业
3	项目助理	负责各方协调和日常管理：(1)负责与机场各有关部门和单位的联系；(2)负责内部各项工作的组织协调；(3)负责项目日常行政管理,组织项目组项目例会	(1)工程师及以上职称；(2)具体良好的协调沟通能力；(3)一级注册消防工程师	消防安全行业相关专业
4	体系评估组组长	负责责任体系和制度体系评估工作的质量和进度控制：(1)组织制定责任体系和制度体系评估工作计划和实施方案；(2)组织责任体系评估组和制度体系评估组按计划和方案实施；(3)整理、汇总责任体系评估和制度体系评估工作成果并形成书面文件	(1)高级工程师及以上职称；(2)具有良好的沟通协调能力；(3)一级注册消防工程师	消防安全行业相关专业
5	现场评估组组长	负责现场评估检测和措施对策分析工作的质量和进度控制：(1)组织制定现场评估检测和措施对策分析工作计划和实施方案；(2)组织现场评估检测组和措施对策分析组按计划和方案实施；(3)整理、统计、汇总现场评估检测和措施对策分析的工作成果并形成书面文件	(1)高级工程师及以上职称；(2)具有现场评估或检测经验；(3)一级注册消防工程师	消防安全行业相关专业

序号	岗位	职责	任职资格(推荐)	专业要求
6	技术支持组组长	负责指标体系研究和评估报告编制工作的质量和进度控制: (1)组织研究制定本项目的指标体系,组织编制评估报告编写工作的具体计划; (2)及时收集资料和各小组的成果文件,对指标体系进行完善和评分; (3)对评估报告的编制质量和进度进行督促和管理; (4)组织安排评估报告的编制和校核工作; (5)负责评估报告的审核工作	(1)高级工程师及以上职称; (2)一级注册消防工程师	消防安全行业相关专业
7	指标体系研究组组员	按照技术支持组组长的分工安排,具体负责指标体系的制定、完善、评分工作	工程师及以上职称	消防安全行业相关专业
8	责任体系评估组组员	按照体系评估组组长的分工安排,具体负责责任体系评估工作: (1)对机场管理机构的消防安全责任、义务进行研究,并评估首都机场股份公司及重点相关方的履行情况; (2)对首都机场股份公司对外对内签订的消防安全专用条款(合同附件)、消防安全协议、消防安全责任书等法律文件进行评估,提出改进措施	(1)工程师及以上职称; (2)有较好的沟通协调能力	消防安全行业相关专业
9	制度体系评估组组员	按照体系评估组组长的分工安排,具体负责对首都机场消防安全管理架构、管理模式、管理流程、相关制度进行评估	(1)助理工程师及以上职称; (2)有较好的沟通协调能力	消防安全行业相关专业
10	现场检测评估组组员	按照现场评估组组长的分工安排,具体负责通过现场勘察辨识消防设施设备存在的风险隐患,并汇总形成评估问题清单。评估内容包括总平面布局及建筑防火、消防给水及消火栓系统、自动喷水灭火系统、消防水炮灭火系统、气体灭火系统、火灾自动报警系统、防排烟系统、电气防火和消防救援等	(1)助理工程师及以上职称; (2)有相关消防设施操作员资质	消防安全行业相关专业
11	措施对策分析组组员	按照现场评估组组长的分工安排,具体负责根据评估结果提出有针对性的提高消防安全水平的措施和建议	(1)工程师及以上职称; (2)一级注册消防工程师	消防安全行业相关专业
12	评估报告编制组组员	按照技术支持组组长的分工安排,具体负责: (1)收集、汇总、整理各组工作成果和相关资料; (2)消防安全评估报告的编制; (3)消防安全评估报告的校核	(1)助理工程师及以上职称; (2)有较好的文字处理能力	消防安全行业相关专业

第12章
资料采集

消防安全评估现场工作大体可以分为三部分，即访谈调研、资料收集和现场勘察。其中，前两项工作是了解被评估对象、制订最佳评估方案的关键。访谈调研有时可以和资料收集同时进行，在向业主了解被评估对象基本情况的同时，收集所需的资料，方便后续工作的开展；也可以在进行现场评估前，先将资料收集清单提交给被评估单位。以效率最大化为基础，两种工作方式的开展可视实际情况灵活选择。

12.1 信息收集

在明确消防安全评估目的和内容的基础上，了解并收集被评估单位的信息资料，重点了解和收集与建筑防火安全相关的信息，包括：

（1）建筑概况：包括建筑位置、建筑高度、楼层、功能布局、建筑面积、建筑类别、耐火极限、火灾危险性分类（厂房和仓库）、消防设施配备情况、可燃物性质与分布、人员特点与分布、运营管理流程等。

（2）周围环境情况：包括建筑周边消防车道的布置、消防水源的位置、灭火救援的进攻路线、与邻近建筑物的间距以及室外疏散场地的设置等。

（3）消防行政审批情况：包括消防设计审核和验收文件、特殊消防设计文件等。

（4）消防设计图纸资料：包括与建筑消防安全相关的总平面图、消防各专业设计图纸与消防设计说明等（以竣工图纸为准）。

（5）消防设施相关资料：包括各消防设施和器材的性能参数。

（6）消防安全制度文件：包括消防安全责任制度、消防安全教育培训制度，防火巡查、检查制度等。

（7）消防安全档案：包括单位基本情况和消防安全重点部位情况、消防管理组织机构和各级消防安全责任人等。

（8）相关检测报告：包括消防系统检测报告、消防器材检测报告、燃烧性能检测报告等。

12.2 常用提资清单

12.2.1 消防安全管理评估提资清单

被评估单位应提供下列文件（针对一般单位，原则上提供下文加粗文字文件即可）：

1. 消防安全制度文件

(1) 消防安全责任制度；

(2) 消防安全教育培训制度；

(3) 防火巡查、检查制度；

(4) 安全疏散设施管理制度；

(5) 消防（控制室）值班制度；

(6) 消防设施、器材维护管理制度；

(7) 火灾隐患整改制度；

(8) 用火、用电安全管理制度；

(9) 易燃易爆危险物品和场所防火防爆制度；

(10) 专职或志愿消防队组织管理制度；

(11) 灭火和应急疏散预案演练制度；

(12) 燃气和电气设备的检查和管理制度（包括防雷、防静电）；

(13) 消防安全工作考评和奖惩制度；

(14) 消防安全"户籍化"管理制度；

(15) 其他必要的消防安全制度。

2. 消防安全档案

(1) 消防安全基本情况

① 单位基本情况和消防安全重点部位情况；

② 建筑物或场所施工、使用或者开业前消防设计审核、消防验收以及消防安全检查的文件、资料；

③ 消防管理组织机构和各级消防安全责任人；

④ 消防安全制度；

⑤ 消防设施、灭火器材情况；

⑥ 专职消防队、志愿消防队人员及其消防装备配备情况；

⑦ 与消防安全有关的重点工种人员情况；

⑧ 新增消防产品、防火材料的合格证明材料；

⑨ 灭火及应急疏散预案。

(2) 消防安全管理情况

① 消防机构填发的各种法律文书；

② 消防设施定期检查记录、自动消防设施全面检查测试的报告以及维修保养记录；

③ 火灾隐患及其整改情况记录；

④ 防火检查、巡查记录；

⑤ 有关燃气、电气设备检测（包括防雷、防静电）等记录资料；

⑥ 消防安全培训记录；

⑦ 灭火和应急疏散预案的演练记录；

⑧ 火灾情况记录。

12.2.2　建筑防火及消防系统评估提资清单

（1）消防设计审核及验收文件；

（2）特殊消防设计文件（如有）；

（3）消防设计图纸（总平面设计竣工图、消防各专业设计竣工图）、消防设计专篇；

（4）与消防相关检测报告：消防系统检测报告、消防器材检测报告、燃烧性能检测报告等。

第13章
质量把控

13.1 概述

为了实现建筑消防安全评估目的，评估中最重要的一点是制定质量目标，包括：

（1）符合国家建筑相关消防技术标准、规范。

（2）满足建筑使用功能，如展览、演出、商业活动等。

（3）满足建筑使用者相关需求，如使用灵活、便于管理、成本控制等。

为实现上述质量目标，评估过程中需采用多种技术手段，如现场检查、管理体系分析、人员访谈、消防设备设施联动测试、火灾荷载计算、材料燃烧性能试验、烟气与疏散仿真分析等。通过上述一系列工作，获得一手数据；后续需采用科学的评估技术进行处理，如建立统一的评估指标体系，根据目标划分评估单元，确立指标权重，以综合评判对象的风险等级，并提出有针对性的提高消防安全等级的措施和建议。

此外，还应建立质量控制体系和制度，制定消防安全评估质量管理手册。在评估过程中严格遵守质量管理手册，对各项工作和文件进行质量管控，依据作业指导书规范评估工作。

一般来说，质量保证措施可能涉及以下方面：

1. 建立项目组组织机构

按照科学、高效的原则成立项目组，由项目负责人统一管理，总工监督，项目助理负责协调和组织实施工作，专业负责人带领工作小组落实具体任务。必要时设置质量工程师，以保证各阶段工作成果满足目标需求。整个项目组应分工明确，责任到人。

2. 进行有针对性的培训

入驻现场前，由项目负责人组织项目组成员根据合同及相关文件所规定的工作内容进行专业培训，培训内容可能包括质量控制文件、评估内容、与评估相关的规范知识、评估工具使用方法、安全培训及应注意的事项等。

3. 确保设施设备配备充足、可靠

（1）确保数据处理可靠：高性能的工作站、数据服务器等为数据处理、软件运行提供可靠、高效的计算资源。

（2）确保检查检测设施设备可靠：各类检测、试验设备满足现场检查、检测需求；各类仿真计算软件，如计算流体动力学软件 Fluent、火灾动力学模拟工具 FDS、综合模拟软件 Thunderhead Engineering PyroSim、人员疏散分析软件 STEPS3.0、building exodus

及 pathfinder，结构有限元分析软件 Abaqus、Ansys 等，满足烟气蔓延分析、安全疏散分析及结构受火分析等专业需求。

4. 其他措施

根据具体情况制订其他保证措施，例如，结合工作质量的奖惩措施，在工作中与各方及时沟通的方案，确保工作按时进行的方法，对于所提交资料的质量保证，项目完成后的后续工作等。

13.2 组织保障

为确保评估质量，组建项目组十分必要。该部分一般结合建筑特点、项目需求和评估单位实力，依据团队类似项目实施经验而制定，具体详见本书第 11 章相关内容。

13.3 专项培训

为保障服务质量，应对项目参与人员进行质量控制培训，培训内容可能包括组织结构及责任、质量控制培训、评估技术培训、工作流程培训、工具使用培训、注意事项等。以下重点介绍质量控制培训和评估技术培训。

1. 质量控制培训

质量控制培训内容可能包括《×××评估项目质量管理手册》《×××评估项目作业指导书》《×××评估项目质量管理控制程序》。

经过培训，使项目组各岗位人员了解各自应承担的质量责任，保证人人熟悉质量控制文件，树立质量把控意识。通常，质量控制培训工作由质量工程师承担。

2. 评估技术培训

为保证评估工作质量，评估人员还需掌握评估技术技能。应结合项目特点和项目组人员的消防安全评估经验制订技术培训内容，加深全体人员对项目的认知，明确工作的重点和难点。

例如，对消防技术标准的培训可能包括：《关于深入开展消防安全风险调研评估加强评估结果运用的通知》（公消〔2017〕20 号）、《中华人民共和国消防法》、《突发事件应急预案管理办法》（国办发〔2013〕101 号）、《机关、团体、企业、事业单位消防安全管理规定》（公安部令第 61 号）、《建设工程消防监督管理规定》（公安部令第 119 号）、《消防监督检查规定》（公安部令第 120 号）、《火灾高危单位消防安全评估导则（试行）》（公消〔2013〕60 号）、《消防监督检查规定》（公安部第 109 号令）、《人员密集场所消防安全管理》XF 654—2006、《重大火灾隐患判定方法》GA 653—2006、《建筑设计防火规范》GB 50016—2014（2018 年版）、《消防控制室通用技术要求》GB 25506—2010、《建筑内部装修设计防火规范》GB 50222—2017、《建筑灭火器配置设计规范》GB 50140—2005、《气体灭火系统施工及验收规范》GB 50263—2007、《泡沫灭火系统施工及验收规范》GB 50281—2006、《火灾自动报警系统设计规范》GB 50116—2013、《人民防空工程设计防火规范》GB 50098—2009、《民用建筑电气设计标准》GB 51348—2019，以及其他适用于评估项目的相关技术规范、管理文件和法律、法规。

13.4 专业设备

为保证评估项目按期稳妥、可靠实施，保证工作质量，还需要保证评估工作所使用的设施设备数量充足、性能可靠。设备设施应由专人管理、维护和指导，具体工作如下：

（1）建立设备管理制度，明确专人管理、维护和保养。

（2）定期进行维护保养，确保设备处于完好状态。

（3）按时对需要计量检定、校准的设备进行计量检定、校准。

（4）建立设备管理档案，设备的技术资料、说明书、合格证、维修和计量检定记录存档备查。

（5）定期对评估人员开展关于设备的性能、技术指标、操作规程及有关标准等方面的培训。

第14章
进度计划

14.1 概述

为保证评估工作按时完成，在开展初期应制订进度计划和保证措施：

(1) 将评估工作分解为若干关键节点，确定每个节点的开始时间、完成时间，记录实际完成情况，见表14-1。

(2) 将评估人员分为若干专业组，如体系调研组、建筑防火评估组、设备设施检测组、仿真分析组等，各组的工作内容分解为关键项，制订每个关键项的开始时间、完成时间，记录实际完成情况，见表14-2。

关键节点进度计划及完成情况（示例）   表14-1

序号	工作内容	开始时间	完成时间	实际完成情况
1	项目中标	××年××月××日	××年××月××日	××年××月××日
2	合同签订	××年××月××日	××年××月××日	××年××月××日
3	实施前策划	××年××月××日	××年××月××日	××年××月××日
4	资料收集	××年××月××日	××年××月××日	××年××月××日
5	现场评估	××年××月××日	××年××月××日	××年××月××日
6	消防性能化评估	××年××月××日	××年××月××日	××年××月××日
7	资料数据分析整理	××年××月××日	××年××月××日	××年××月××日
8	各子报告审核定稿	××年××月××日	××年××月××日	××年××月××日
9	主报告初版编制	××年××月××日	××年××月××日	××年××月××日
10	主报告评审	××年××月××日	××年××月××日	××年××月××日
11	主报告定稿	××年××月××日	××年××月××日	××年××月××日

体系调研组关键节点进度计划及完成情况（示例）   表14-2

序号	工作内容	开始时间	完成时间	实际完成情况
1	消防管理文件收集	××年××月××日	××年××月××日	××年××月××日
2	现场调研访谈	××年××月××日	××年××月××日	××年××月××日
3	资料分析整理	××年××月××日	××年××月××日	××年××月××日
4	消防管理子报告编制	××年××月××日	××年××月××日	××年××月××日
5	子报告审核	××年××月××日	××年××月××日	××年××月××日
6	子报告修改	××年××月××日	××年××月××日	××年××月××日

14.2　保证措施

为保证评估工作按时间计划保质、保量完成，应统筹安排并制订系列保证措施，如组织保证、制度保证、人员保证、设备配备保证等。

1. 组织保证

在组织形式上应设置进度控制组织机构，以保证评估工作按进度计划完成。

进度控制组织机构应由具有完善的知识体系、丰富的评估经验和组织管理经验的人员组成，并由技术负责人主抓技术质量，对技术人员实行穿透性管理，以保证评估工作按期、保质完成。

进度控制组织机构一般由项目负责人、项目助理、项目总工及各组组长组成，如图 14-1 所示。

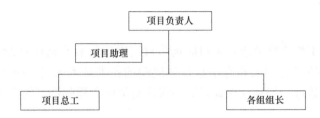

图 14-1　进度控制组织架构

各岗位职责如下：

（1）项目负责人：领导整个项目组工作，全程参与项目，对评估工作进度全面负责，控制总体进度，负责进度总目标实现，对评估工作负直接领导责任。

（2）项目助理：实施评估进度计划；协助项目负责人组织召开各类型会议；与各方对接，及时反馈各方需求；负责项目人员、经费、设备的调配和供应；定期召开进度会议，及时处理各类问题。

（3）项目总工：领导专业评估组和报告编制组，把控各组工作进度和技术报告编制进度。项目总工应结合资料收集、调研访谈及各专业组的技术特点，实时调整技术人员的工作方式和组织形式，负责过程文件的审批，负责评估报告的整合、组织专家评审和最后定稿，负责评估数据整理、报告撰写阶段的整理工作，负责整体报告的排版及打印等工作。

（4）各组组长：负责协调体系访谈、系统评估检测和报告编制等工作，总体把控现场检查评估工作进度，负责组织实地检查评估工作的落实，对分管各组的实地检查工作负组织责任。每日结束检查工作任务后，组织各组人员召开进度总结会，根据实际进展情况及时更新、优化、检查进度工作计划。

2. 制度保证

项目负责人应组织项目组召开项目启动会，明确评估工作的进度计划。

项目总工对项目质量要做出声明，明确项目组每个人的工作任务及责任。

建立技术沟通例会制度。在总进度计划控制下，安排周、日评估计划，在每日总结会上对进度控制点进行检查并确定是否落实，把存在的问题解决掉，保证总进度计划的实现。建立每周例会制度：在工作例会中，项目各小组负责人对各组的评估检查进度进行审查，并安排下一步工作。

评估工作正式开展前，项目组召开碰头会，由项目负责人或项目助理主持，现场负责人、项目总工对各项工作任务进行重点分析。

项目进展过程中如有人因故不能按期完成本日、本阶段工作任务，项目负责人负责调配其他具有同等能力的技术人员及时加入项目组，保证各阶段工作如期完成。

项目进展过程中，如因设备原因导致检查工作不能如期完成，则现场负责人及时调配其他项目组的设备，保证检查工作顺利进行。

现场负责人根据现场实际情况调整进度计划，确保进度目标的实现，并认真做好每日进度报告及第二天进度计划，以便审查。

项目负责人随时了解项目评估的进展情况，经常性地进行检查验证，密切关注评估过程中出现的新情况。在评估工作中发现问题时，及时填写《现场检查记录表》，以便编写《消防安全评估报告》。

3. 人员保证

针对评估检查工作进度要求，项目应选派对同类项目有丰富项目经验的项目负责人、有丰富管理经验的项目管理人和有丰富评估经验的各类技术人员。应根据评估项目工作量，保证技术人员数量，特别应保证具有一级注册消防工程师证书的人员数量，以保证团队有良好的执行力。

岗位设置和任职资格详见第11章相关内容。

4. 设备配备保证

评估过程需要各类设备，以获取数据，如基础办公设备、现场检测设备、高性能仿真设备、专业消防软件等，具体可详见第10章相关内容。

此外，为保证设备可靠，应由专人进行管理和维护，制定管理制度，以保证设备随时可用。

第15章
分析汇总

15.1 分析概述

15.1.1 定义

数据分析是指用适当的统计分析方法对收集的大量数据进行分析，将它们加以汇总和理解并消化，以求最大化地开发数据的功能，发挥数据的作用。数据分析是为了提取有用信息和形成结论而对数据加以详细研究和概括总结的过程。

数据也称为观测值，是试验、测量、观察、调查等的结果。数据分析中所处理的数据分为定性数据和定量数据。只能归入某一类而不能用数值进行测度的数据称为定性数据。定性数据中表现为类别，但不区分顺序的，是定类数据，如消防安全评估发现的建筑防火问题、消防设施问题和消防管理问题等；定性数据中表现为类别，但区分顺序的，是定序数据，如火灾隐患等级等。

15.1.2 目的

数据分析的目的是把隐藏在一大批看来杂乱无章的数据中的信息集中和提炼出来，从而找出所研究对象的内在规律。实际应用中，数据分析可帮助人们作出判断，以便采取适当行动。数据分析是有组织、有目的地收集数据、分析数据，使其成为信息的过程。这一过程是质量管理体系的支持过程。例如，消防安全评估人员在完成某建筑实地评估工作后，要将评估过程中发现的问题进行汇总、分类、统计，分析所得数据，以判定某建筑火灾风险和消防安全水平，并据此提出消防安全对策措施及建议，因此数据分析在消防安全评估工作中具有极其重要的地位。

对于消防安全评估而言，数据分析就是对评估结果的深度整理和再加工，如同好的食材需要好的烹饪一样。如果消防安全评估的结果仅是一大堆的问题条目和照片，而不进行归类分析，其效能也将大打折扣，将可能导致前期所做的大量工作也体现不了多大价值。

15.1.3 工具

使用 Excel 自带的数据分析功能可以完成很多专业软件才有的数据统计、分析，其中包括直方图、相关系数、协方差、各种概率分布、抽样与动态模拟、总体均值判断、均值推断、线性回归、非线性回归、多元回归分析等内容。在商业智能领域，工具包括 Cognos、Style Intelligence、Microstrategy、Brio、BO 和 Oracle 以及国内产品（如 Yong-hong Z-Suite BI 套件）等。

15.1.4　步骤

数据分析有极广泛的应用范围。消防安全评估的数据分析包含以下步骤：

（1）制订方案。首先，要根据消防安全评估的需求，制订数据汇总分析方案，至少要列出需要采集的信息及内容。

（2）收集汇总。根据方案的要求，将建筑安全评估过程中收集的信息、发现的问题进行汇总，一般采用列表方式。其内容尽量齐全，以便后期筛选和使用。

（3）数据甄别。对汇总表中的所有信息进行逐一校审，对其中无效的数据进行去除，对缺失的数据予以增补，对模糊的数据进行确认，以便保证数据的正确性和完整性。

（4）问题分类。对评估发现的问题进行分类，是最常用和有效的数据分析方法，也是建筑消防安全评估指标体系和火灾风险等级判定的重要依据；同时，也是开展措施对策研究工作的基础，所以对问题进行多维度的分类，能有效找到建筑的主要火灾风险所在。

（5）信息展示。信息分类后，将相关数据和信息进行进一步加工、整理和分析，确定分析模型，达到清晰和直观的展示效果，可以使相关方一目了然地掌握问题的分布、火灾风险大小等情况。

（6）改进完善。根据评审和反馈结果，总结数据汇总分析过程中的成果与不足，从而完善数据汇总分析方案，持续提升消防安全评估数据分析水平。

15.2　展示方法

15.2.1　列表法

将数据按一定规律用列表方式表达出来，是记录和处理最常用的方法。消防安全评估表格的基本设计要求是问题部位明了，问题描述准确，问题类别明确，措施建议充分，有利于发现问题的分布情况和严重程度；此外，还可以在标题栏中注明各个问题的发现人、发现时间和依据等；根据需要，还可以列出除原始数据以外的计算栏目和统计栏目等。示例见表 15-1～表 15-3。

某单体建筑消防安全评估问题列表（示例）　　　　表 15-1

序号	问题部位	问题描述	重要性分类	建议整改方式	建议措施
1	3 层员工餐厅后厨走道	排烟窗面积不满足规范要求	I	专项整改	当建筑空间净高小于或等于 6m 的场所,设置有效面积不小于该房间建筑面积 2% 的自然排烟窗(口)
2	地下 1 层天井	地下建筑利用通向天井的窗进行排烟,且排烟窗未设置电动开启装置	I	专项整改	自然排烟窗(口)应设置手动开启装置。设置在高位且不便于直接开启的自然排烟窗(口),应设置距地面高度 1.3~1.5m 的手动开启装置

续表

序号	问题部位	问题描述	重要性分类	建议整改方式	建议措施
3	1~3层天井	用于自然排烟的天井区,未设置可开启的自然排烟窗	I	升级改造	建议取消天井的顶棚,使其成为一个真正的室外空间
4	3层Ⅲ段01号卷帘	单片防火卷帘耐火极限不满足规范要求	II	立即整改	用于防火分区分隔使用的防火卷帘耐火极限不应低于3h
5	3层员工餐厅后厨	有明火作业厨房的房间开向建筑的门未采用相应耐火等级的防火门	II	立即整改	按照规范要求设置乙级防火门

注：重要性分类具体见第15.3.2节。

某建筑群消防安全评估问题列表（示例）　　　　表15-2

评估项目	A楼	B楼	C楼
消防管理体系评估	总体合格,存在需要改进的问题**11**条	总体合格,存在需要改进的问题**11**条	总体合格,存在需要改进的问题**11**条
建筑防火及救援检查评估	共**10**个问题 其中:I类问题**4**个 II类问题**4**个 III类问题**2**个	共**25**个问题 其中:I类问题**9**个 II类问题**9**个 III类问题**7**个	共**39**个问题 其中:I类问题**19**个 II类问题**11**个 III类问题**9**个
消防设施设置合理性评估	共**53**个问题 其中:I类问题**15**个 II类问题**24**个 III类问题**14**个	共**97**个问题 其中:I类问题**25**个 II类问题**40**个 III类问题**32**个	共**51**个问题 其中:I类问题**11**个 II类问题**16**个 III类问题**24**个
消防设施设置有效性评估	共**13**个问题 其中:I类问题**8**个 II类问题**1**个 III类问题**4**个	共**16**个问题 其中:I类问题**9**个 II类问题**3**个 III类问题**4**个	共**75**个问题 其中:I类问题**27**个 II类问题**16**个 III类问题**32**个
消防设施检验	现场勘察11个消防系统,全部合格,综合评定为**合格**	现场勘察11个消防系统,全部合格,综合评定为**合格**	现场勘察13个消防系统,全部合格,综合评定为**合格**
电气防火安全检验	火灾危险系数$X=0.00$;I类(无A级、$X\leqslant0.1$),综合评定为**合格**	火灾危险系数$X=0.00$;I类(无A级、$X\leqslant0.1$),综合评定为**合格**	火灾危险系数$X=0.00$;I类(无A级、$X\leqslant0.1$),综合评定为**合格**
性能化评估	模拟仿真分析了13个场景,其中,6个场景安全,**7个场景不安全**	模拟仿真分析了21个场景,其中,17个场景安全,**4个场景不安全**	模拟仿真分析了164个场景,其中,158个场景安全,**6个场景不安全**。现场检查85个建筑,其中,82个性能化判定合格,**3个不合格**
指标体系评分	消防安全风险指数为411	消防安全风险指数为515.5	消防安全风险指数为438.5
综合判定	消防安全水平为**一般**	消防安全水平为**一般**	消防安全水平为**一般**

某地区加工企业火灾风险等级分布情况一览表（示例）　　　　表 15-3

所在位置	判定是否存在重大火灾隐患企业数量		小计	各类火灾风险等级企业数量				小计
				极高	高	中	轻	
	是	否		<60	(75,60]	(90,75]	≥90	
A 镇	17	342	359	58	263	38	0	359
B 镇	0	61	61	4	47	10	0	61
C 镇	0	39	39	7	24	8	0	39
合计	17	442	459	69	334	56	0	459
占比	3.70%	96.30%		15.03%	72.77%	12.20%	0.00%	

15.2.2　作图法

作图法可以最醒目地表达各个物理量间的变化关系。从图线上可以简便求出试验需要的某些结果；还可以把某些复杂的函数关系通过一定的变换用图形表示出来。

图表和图形的生成方式主要有两种：手动制表和用程序制表。其中，用程序制表是通过相应的软件，例如 SPSS、Excel、Matlab 等，将调查的数据输入程序中，通过对这些软件进行操作，得出最后结果，结果可以用图表或者图形的方式表现出来。图形和图表可以直接反映出消防安全评估的调研结果，这样可以更为直观地展示评估成果，帮助评估机构和委托单位更好地分析和判断建筑的火灾风险分布状况和消防安全水平，为进一步得出结论和制订相应措施对策做铺垫。所以，数据分析法在消防安全评估中运用非常广泛，而且极为重要。

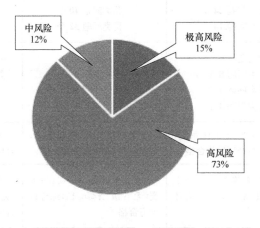

图 15-1　某地区加工企业火灾风险等级占比示意图（示例）

15.3　问题分类

针对消防安全评估中发现的问题，有如下常用的几种分类方法，供消防安全评估人员使用。

15.3.1　按问题的依据来源分类

重大问题：以下三种情况任意一种均列入重大问题：

（1）依据《重大火灾隐患判定方法》GB 35181—2017 直接判定和综合判定条款，被评估建筑中发现的问题。

（2）不符合消防标准规范中的强制条款的问题。

（3）不符合消防标准规范中带有"必须"或"严禁"字样条款的问题。

较大问题：不符合消防标准规范中带有"应"或"不得"字样条款的问题。

一般问题：不符合消防标准规范中带有"宜"或"不宜"字样条款的问题。

15.3.2　按问题的严重程度分类

Ⅰ类问题：此类问题为消防系统整体故障类隐患，即消防系统处于全面或大部分瘫痪状态，或建筑内大部分消防功能丧失，或给建筑带来极大火灾风险。

Ⅱ类问题：此类问题为消防系统局部故障类隐患，即消防系统处于局部不可用状态，或建筑内局部消防功能丧失，或给建筑带来较大火灾风险。

Ⅲ类问题：此类问题为消防系统一般故障类隐患，即基本上不对消防系统功能造成较大影响，或可能造成建筑内个别部位消防功能丧失，或仅给建筑带来较小火灾风险。

15.3.3　按问题的发生原因分类

A类问题：先天设计原因——初期设计本身存在的问题。

B类问题：后期改造原因——初期设计时无问题，但由于后期改造导致消防系统存在问题。

C类问题：施工质量原因——施工与设计图纸不符，或不满足施工规范。

D类问题：维护保养原因——设备或系统因维护、管理、保养不到位导致的问题。

E类问题：规范更新原因——由于国家、地方和行业规范出台或更新导致与最新规范不符的问题。

15.4　结论汇总

第一，通过调研访谈和咨询法律专家的方式对被评估机构的消防管理体系进行评估。第二，依据相关消防技术规范，通过采用现场排查、图纸分析的方式对评估对象的建筑防火现状及消防救援条件进行检查评估，确定航站楼的建筑防火现状及消防救援条件是否满足标准规范和航站楼安全运行的要求；第三，通过现场排查对评估对象的消防设施设置合理性进行检查评估，通过消防设施测试对评估对象的消防设施设置有效性进行检查评估，通过电气防火检测对评估对象的电气防火有效性进行检查评估，辨识了消防设施设备及电气设备存在的火灾风险和隐患；第四，有些前期采用过消防性能化设计或特殊消防设计的建筑，须通过人员疏散、烟气流动等模拟仿真评估技术，分析被评估对象的火场烟气流动和人员疏散安全状况；第五，将所有评估结果通过建立统一的消防安全评估指标体系、划分评估单元、确立指标权重，依据消防法律法规和技术规范，在调查研究、总结实践经验的基础上，参考和借鉴国内外有关资料，综合评判建筑的风险等级。

综上所述，完整的建筑消防安全评估结论一般包括但不限于如下方面：

（1）被评估建筑的消防管理评估结论。

（2）被评估建筑的防火现状、消防救援条件评估结论。

（3）被评估建筑的消防设施及电气防火测试结论。

（4）被评估建筑的性能化评估结论。

（5）被评估建筑的指标体系评分结果和火灾风险等级确定。

15.4.1　消防管理评估结论

一般来说，消防管理评估结论包括以下内容：

（1）消防管理架构评估结论。

（2）消防安全管理责任体系评估结论。

（3）消防安全管理规章制度评估结论。

（4）消防管理能力评估结论。

15.4.2　建筑防火及救援评估结论

一般来说，建筑防火及救援评估结论包括以下内容：

（1）建筑防火现状评估结论。

（2）消防救援条件评估结论。

15.4.3　消防设施及电气防火评估结论

一般来说，消防设施及电气防火评估结论包括以下内容：

（1）消防设施设置合理性评估结论。

（2）消防设施设置有效性评估结论。

（3）电气防火检验结论。

15.4.4　性能化评估结论

一般来说，性能化评估结论包括以下内容：

（1）设置场景的位置和数量。

（2）性能化模拟评估结果。

15.4.5　指标体系评分结果

一般来说，指标体系评分结果包括以下内容：

（1）消防安全风险各级指标得分情况。

（2）是否存在重大火灾隐患。

（3）火灾风险等级及结论。

（4）被评估建筑存在的主要问题和薄弱点。

第16章
措施对策

16.1 建议措施对策综述

16.1.1 按整改方式分类问题的措施对策

立即整改类：有备品备件或能通过其他渠道及时更换的问题，可以立即整改到位。

专项整改类：须制订专项计划和专项方案进行整改的问题，单独列项。

升级改造类：由于规范更新导致的，不会导致重大火灾风险的问题，暂时可通过其他加强措施来降低其风险，在将来升级改造中予以彻底消除。

16.1.2 不同严重程度问题的措施对策

Ⅰ类问题：此类问题为消防系统整体故障类问题，即消防系统处于全面或大部分瘫痪状态，或建筑内大部分消防功能丧失，或给建筑带来极大火灾风险，则系统需要立即整改。建议以总包交钥匙形式，委托专业技术机构根据业主要求组织开展工程改造工作。

Ⅱ类问题：此类问题为消防系统局部故障类问题，即消防系统处于局部不可用状态，或建筑内局部消防功能丧失，或给建筑带来较大火灾风险，则系统需要在短时间内整改。建议由专业技术机构进行总体技术把关，由具备相应消防设施工程施工资质的专业单位编制整改方案，进行设备更换和局部工程改造。

Ⅲ类问题：此类问题为消防系统一般故障类问题，即基本上不对消防系统功能造成较大影响，或可能造成建筑内个别部位消防功能丧失，或仅给建筑带来较小火灾风险，则系统需要在一定时间内整改。建议由具备相应消防设施工程施工资质的专业单位编制整改方案，或由维保单位进行设备更换和个别地方工程改造。

不同严重程度问题整改路线图如图 16-1 所示。

16.1.3 不同原因类别问题的措施对策

A 类问题：先天设计原因——初期设计本身存在的问题。此类问题应重新设计后进行改造。

B 类问题：后期改造原因——初期设计时无问题，但由于后期改造导致消防系统存在问题。此类问题应勘察落实改造后的实际状况，在考虑原有系统的能力和裕度的基础上，确定具体可行的整改方案。

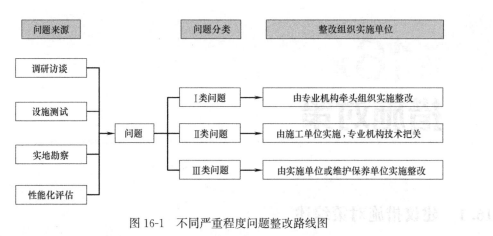

图 16-1　不同严重程度问题整改路线图

C 类问题：施工质量原因——施工与设计图纸不符，或不满足施工规范。此类问题由施工安装单位按设计图纸和相关规范要求直接进行整改即可。

D 类问题：维护保养原因——设备或系统因维护、管理、保养不到位导致的问题。要求相关责任单位进行直接更换或修补。

E 类问题：规范更新原因——由于国家、地方和行业规范出台或更新导致与最新规范不符的问题。此类问题可不进行立即整改，可在建筑大修或总体改造时进行整改。

通过分析问题原因，根据解决问题的难易程度，将 A 类、B 类、C 类问题划分为消防专项整改问题，需要被评估机构制订整改计划，并按计划实施整改。将 D 类问题划分为立即整改问题，被评估机构责成维护保养单位或者责任部门进行日常整改。将 E 类问题划分为升级改造问题，此类问题由于规范更新导致的问题，建筑需要进行升级改造时，应根据最新规范标准将改造区域涉及的消防系统进行整改。不同原因问题整改路线图如图 16-2 所示。

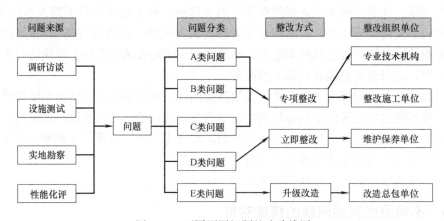

图 16-2　不同原因问题整改路线图

16.2　管理制度层面的措施对策

消防管理层面主要的措施对策如下：

（1）建立和健全消防安全管理组织架构和职责。

（2）补充和完善消防管理制度。

（3）加强消防安全培训，提升消防安全管理和消防实战能力。

（4）细化和更新消防应急预案。

（5）完善消防安全风险管理工作，加强火灾隐患整改力度。

（6）梳理消防安全责任，实现无死角的消防安全网格化管理。

（7）加快推进"智慧消防"建设，开发适用于被评估建筑的消防信息化系统。

16.3 建筑防火层面的措施对策

建筑防火层面常见的措施对策如下：

（1）解决防火间距不满足规范要求的措施。

（2）解决防火分区过大的措施。

（3）解决防火分隔不到位或防火分隔设施不满足要求的措施。

（4）解决建筑耐火等级不满足要求的措施。

（5）解决疏散距离过长的措施。

（6）解决疏散出口数量不满足规范要求的措施。

（7）解决楼梯间形式不满足要求的措施。

（8）解决疏散楼梯数量或宽度不满足规范要求的措施。

（9）解决避难设施数量不满足规范要求或设置不满足要求的措施。

（10）解决装饰装修和外墙保温材料不满足规范要求的措施。

（11）解决消防救援设施不满足要求的措施。

（12）解决消防车道宽度和高度不满足规范要求的措施。

（13）解决有爆炸危险场所防爆和泄压设施不到位的措施。

（14）解决消防电梯设置不满足要求的措施。

（15）解决防火封堵不到位的措施。

16.4 消防设施和器材层面的措施对策

（1）消防系统及设施设置合理性的措施对策：主要是解决消防设施和器材应设未设的问题。

（2）消防系统及设施设置有效性的措施对策：主要是解决建筑内已设置的消防设施和器材不满足相关标准规范要求的问题。

16.5 性能化评估层面的措施对策

提升 ASET（危险来临时间）的主要措施如下：

（1）加大排烟能力。

（2）高火灾荷载区域按防火单元、防火舱和燃料岛等方式进行处理。

（3）降低火灾规模。

降低 RSET（人员疏散时间）的主要措施如下：

（1）对排烟系统重新设计，保证火灾情况下可有效排出火灾烟气。

（2）增设消防设施，如增设灵敏度较高的火灾探测器，缩短探测及发现火灾的时间。

（3）增加疏散出口数量或增加出口疏散宽度。

（4）增加安全区域和亚安全区域，有效减小疏散距离。

（5）完善应急预案，适当开展疏散演练，设置疏散引导员，避免拥堵，提高疏散速度和效率。

16.6　临时消防管控的措施对策

临时消防管控的措施对策如下：

（1）在建筑适当位置设置微型消防站，内设灭火器、水枪、水带等灭火器材；配置外线电话、手持对讲机等通信器材；有条件的可选配消防头盔、灭火防护服、防护靴、破拆工具等器材。

（2）建立值守制度，确保值守人员 24h 在岗在位，做好应急准备。

（3）开展防火巡查，负责扑救初起火灾，熟悉建筑内消防设施情况和灭火应急预案，熟练掌握器材性能和操作使用方法。

（4）加强消防巡视，每天至少巡查一次，确保消防设施和防火构造完好、有效。

（5）严格控制火源，注意用火用电。

（6）加强疏散演练，做到建筑内人员熟悉疏散路线。

（7）定期进行消防安全评估，评估现场实际情况发生变化导致的风险影响。

16.7　可以借鉴的国外建筑消防措施对策

以下是国外应对建筑火灾的几个相关措施对策。

（1）建立高层建筑信息系统

建立高层建筑信息系统就是要建立"建筑重要数据收集与火场指挥传输系统"，以提高火场指挥部对整个火场形势的分析判断能力。建立"高层建筑信息卡"（以下简称 BIC）制度，做到在消防队到达火场前以电子 BIC 形式收集建筑数据的有效性。消防部门将得益于事先收集的建筑信息，从而能够为火场安全提供更好的保障。

（2）设置辅助无线电通信系统和消防员空气补给系统

① 辅助无线电通信系统。纽约市根据美国建设部门的要求，提出新建高度为 22.86m 以上的高层建筑，或已有建筑消防报警主机进行局部升级时，必须要安装消防队固定辅助无线电通信系统（以下简称 ARCS 系统）。ARCS 系统应能够多频道同时通信并设置在建筑消防指挥中心内。《国际消防规范》（IFC）要求包括高层建筑在内的新建建筑和部分已有建筑要实现"消防应急响应人员无线电通信系统全覆盖"。

② 消防员空气补给系统。地面上的空气补给要比在高层建筑中较高楼层上的空气补给容易得多。对消防指挥员而言，在没有电梯可用、需要上下 30 层楼搬运自持式空气呼

吸器具（以下简称 SCBA）的情况下，如何尽快为正在开展灭火、搜救和疏散的消防员补充即将消耗殆尽的新鲜气源，这是非常重要的问题。为更好地应对高层建筑的特殊消防环境，消防机构提出了一种消防员空气补给系统（FARS）。消防队应重新考虑如何将原有的 SCBA 策略与这种气源系统结合，以便在高层建筑发生火灾时保障源源不断的空气补给。

（3）开发高层建筑消防战术工作表

高层建筑的事故信息显然超出了消防指挥员的承受能力范围，但制订消防战术工作表，则有助于消防指挥员定位灭火救援小组的行踪，有效开展人员疏散，并准确把握灭火救援战术与时机。

第**17**章
报告编制

17.1　报告结构组成

消防安全评估报告由以下部分组成：

（1）封面；

（2）著录页；

（3）目录（目录可根据需要自行编制，不需进行规定）；

（4）正文；

（5）附件。

17.2　封面

消防安全评估报告封面至少应包含委托单位名称、消防安全评估项目名称、消防安全评估报告（这几个字适用于任何项目）、消防安全评估机构名称、评估报告完成时间以及报告编号。报告封面参考图 17-1。

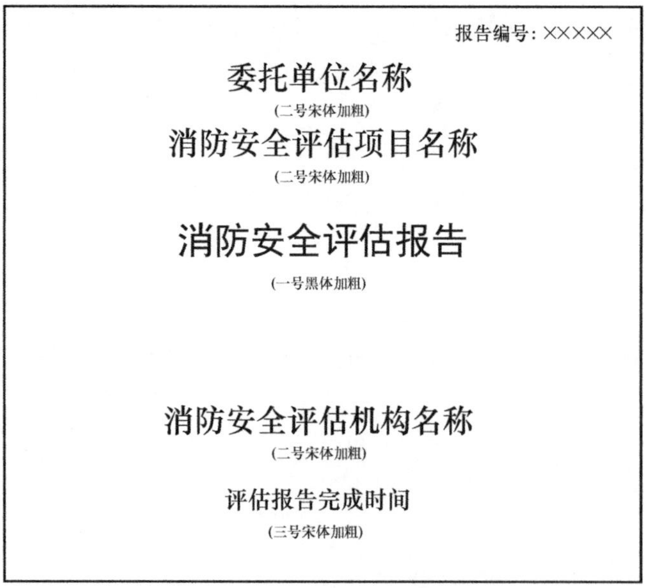

图 17-1　消防安全评估报告封面参考图

17.3 著录页

消防安全评估报告著录页分两页布置，第一页署名消防安全评估机构的法定代表人、技术负责人、项目负责人等主要责任者签字，下方为报告编制完成的日期及消防安全评估机构公章用章区，如图17-2所示；第二页为评估人员名单，评估人员均应亲自签字。其中，项目负责人和技术负责人需加盖自身一级注册消防工程师注册印章，如图17-3所示。

委托单位名称 (三号宋体加粗)

项目名称 (三号宋体加粗)

消防安全评估报告 (二号宋体加粗)

法定代表人：(四号宋体)

技术负责人：(四号宋体)

项目负责人：(四号宋体)

报告完成日期 (小四号宋体加粗)
(机构公章)

图 17-2 消防安全评估报告著录页第一页

	姓名	资格证书号	签字
项目负责人			
项目组成员			
报告编制人			

(此表应根据具体项目实际参与人数编制)

图 17-3 消防安全评估报告著录页第二页

17.4 正文

17.4.1 被评估单位基本情况

被评估单位基本情况至少包含三个部分：

（1）被评估单位的基本情况简介，如有母公司或子公司，均需简要介绍。

（2）被评估单位的消防安全基本情况介绍，主要介绍单位建筑防火、消防设施以及消防器材配置情况。其中，建筑防火部分应包括耐火等级、总平面布局和平面布置、防火分区、防火分隔、防烟分区、安全疏散、建筑保温和外墙装饰以及建筑内装修等；消防设施部分应包括消防供配电系统、火灾自动报警系统、消防给水及消火栓系统、自动喷水灭火系统、自动跟踪定位射流灭火装置、气体灭火系统、防烟排烟系统、消防应急照明和疏散指示标志、消防应急广播系统、消防专用电话系统、消防电梯、可燃气体探测报警系统、电气火灾监控系统、消防设备电源监控系统等；消防器材一般指灭火器、空气呼吸器等。

（3）介绍被评估单位的评估目的，界定评估范围。

17.4.2 评估依据

根据评估对象和评估目的，选用评估过程所使用的国家法律、行政法规、部门规章、地方性法律、地方部门规章、国家标准、行业标准、地方标准等，以及被评估单位相关的消防安全责任制度、消防安全规章制度及操作规程、竣工验收图纸等文件，作为消防安全评估项目的评估依据。

17.4.3 评估方法和技术路线

常见的消防安全评估方法有安全检查表法、预先危险性分析法、事件树分析法、事故树分析法、层次分析法、变权重法等。其中，最常见的是安全检查表法。根据项目情况选用一种或多种消防安全评估方法。具体请参照第 7 章的评估方法进行选择。

根据项目情况编写项目开展的技术路线，技术路线一般包括前期准备工作，现场消防安全评估，以及后期的对现场数据的分析处理。具体请参照第 8 章的技术路线进行编写。

17.4.4 评估指标体系

建立消防安全评估指标体系，是消防安全评估的重要一环，对消防安全评估结论有直接影响。

根据表 4-2 可知，到目前为止，全国有北京、上海、广东等 12 个省、市、自治区颁布了《火灾高危单位消防安全评估办法/标准/规程》，以及中华人民共和国公安部发布的《人员密集场所消防安全评估导则》。每一个办法/标准/规程/导则均有一个评估指标体系，相关区域和行业内从事消防安全评估人员可以选用相应的评估指标体系。也可以按照项目本身特点，构建项目评估指标体系，具体请参照第 9 章指标体系。

17.4.5 资料采集及隐患汇总

根据评估对象，编写《消防安全评估检查测试表》，至少应包含建筑防火、消防设施及器材，以及消防安全管理及救援等检查测试表，检查测试表的内容应与评估指标体系一一对应。根据现场检查测试情况，对评估指标体系内相关指标进行打分。

在检查测试过程中，存在的消防安全隐患进行整理并汇总，形成《消防安全隐患整理表》。隐患汇总表格至少应包含隐患的描述、所在具体位置、隐患的危险等级以及整改建议。

17.4.6 结论

根据现场检查测试情况，填写《消防安全评估检查测试表》，并对评估指标体系内相关指标进行打分，整理后得到被评估对象的得分，根据分数确定被评估对象的评估等级。

17.4.7 消防安全对策措施及建议

根据场所特点、现场检查和定性、定量评估的结果，针对各评估单元存在的问题提出对策、措施及建议，其内容包括但不限于管理制度、消防设施设备设置、安全疏散以及隐患整改等方面。消防安全对策措施及建议的内容应具有合理性、经济性和可操作性。

17.5 附件

消防安全评估报告的附件是用以支持评估报告的原始证明材料，是报告的重要组成部分，应包括以下内容：

1.《建筑消防安全评估检查测试表》评分情况

在报告正文的资料收集中，需要填写《建筑防火检查测试表》《建筑消防设施及器材检查测试表》《消防安全管理及救援检查测试表》，这些测试表格应放在报告附件中；另外，需要根据检查测试表对所建议的评估指标体系进行打分，各评估指标体系的打分表也应放在报告附件中。

2.《消防安全管理及救援检查测试表》相关证明文件

相关证明文件包括消防设计文件、消防验收或备案等行政许可文件、单位确定或变更消防安全责任人和管理人备案书、消防控制室值班人员资格证书、消防安全管理制度文件、消防安全教育和培训记录、消防安全宣传情况、消防产品质量合格证明文件、火灾隐患巡查和检查记录、防火材料和消防设施检测报告、消防设施维护保养合同等。对于被评估单位所提交的证明文件，应将所有文件打印，由被评估单位将所提交文件进行逐页盖章，再由评估机构将盖章的证明文件扫描作为附件。

3. 项目负责人、技术负责人的注册证书、资格证书复印件

4. 其他需要说明的事项

① 由于被评估单位原因，无法进行火灾自动报警系统联动等消防设施的检查测试，需进行说明，并由被评估单位现场负责人签字确认。

② 对本评估研究工作的缘起、背景、主旨、目的、意义，本报告的服务对象、适用对象、注意事项，本报告的解释权和联系方式等进行说明。

③ 其他在消防安全评估中需要说明的事项。

第18章
费用估算

消防安全评估费用是火灾成本的组成部分，首先应从整体认识火灾成本开始。

18.1 火灾成本

火灾成本就是火灾导致的损失和消防相关费用之和，分为直接损失、间接损失、消防费用、火灾保险费用、建筑防火费用、人员损失、研究和宣传费用7项。以下是各项的定义：

（1）直接损失。直接损失就是火灾造成的直接损失。

（2）间接损失。间接损失是指火灾发生后生产活动停止造成的损失，其比例约为直接损失的10%～30%。

（3）消防费用。无论官办消防还是民办消防队，为扑救火灾所付出的费用均在消防费用之列。各国的消防体制有所不同，既有军队担负消防职能工作的，也有委托消防公司的，还有国家组建消防队的。

（4）火灾保险费用。火灾保险费用是指火灾保险业务的费用。

（5）建筑防火费用。为确保消防安全，要求建筑物设置自卫性设备，除水喷淋、火灾探测器、逃生设备等消防设施外，防火分区、紧急避难楼梯也包含在建筑防火费用内。

（6）人员损失。人员损失是指火灾造成人员死亡、受伤的损失。

（7）研究和宣传费用。研究和宣传费用目前没有公开发表的统计数值。除国家的研究机构外，大学、企业、各个地方所进行的研究和宣传活动费用均在此列。

从上述定义可知，消防安全评估费用没有单独设项，包含在消防费用、火灾保险费用、建筑防火费用以及研究和宣传费用中。其中，由消防主管部门组织的消防安全评估，其费用包括在消防费用中；投保前由保险公司组织的消防安全评估费用含在火灾保险费用中；建筑消防安全评估费含在建筑防火费用中；消防安全评估的相关技术研究费含在研究和宣传费用中。

根据世界火灾统计中心整理的最新数据，各国火灾成本占GDP的0.4%～0.9%。火灾成本中，建筑防火投资占火灾成本的30%～50%，消防费用及直接损失占15%～40%，火灾保险费用占5%～15%，间接损失在5%以下。日本的火灾成本与多数国家略有不同，消防费用约占火灾成本的一半，直接损失较其他国家要低。由此可以看出，适当增加消防投资费用，可以减少火灾损失。

18.2 建筑消防安全评估费用估算概述

为有序开展建筑消防安全评估工作，规范消防安全评估收费，以保障建筑的消防设计、施工符合国家相关规范、标准要求，保障社会单位的消防设施正常运行，监督、规范社会单位的消防管理，本书依据国内消防安全评估的市场情况，结合我国经济状况和消费水平，特编制了建筑消防安全评估费用估算一章，供各消防安全评估机构与委托单位编制消防安全评估相关预算和报价时参考使用。

费用估算是指估算完成项目各个活动所需资源的费用。建筑消防安全评估费用采用基准价与系数乘积的方式进行估算。建筑消防安全评估基准价与建筑类型和评估内容有关。建筑消防安全评估费用系数与评估对象的火灾危险等级、规模、所在地区等有关。

考虑费用的时间性，本费用估算标准适用年限为 5 年（2020～2025 年）；超过此年限，根据当年的市场变化实际情况乘以一定的系数后，也可参考使用。

18.3 费用估算标准制定的原则

18.3.1 经济合理原则

在正常的市场情况下，没有一家卖家愿意做亏本的买卖，也没有买家愿意花大钱做小事，所以，把钱花在刀刃上才是最合理的。对于消防安全评估这项工作而言，采用菜单式收费标准比较合理、可行。消防安全评估的工作内容可分为必做项和选做项两类，委托单位可根据自身需求进行选择。

18.3.2 互利双赢原则

费用估算标准本着互利双赢原则，既保证评估机构的合理收益又保证委托单位的合理需求，最终实现性价比和最大化。费用估算标准制定的初衷就是提升消防安全评估的服务质量，减少委托单位无谓的投入。当然也避免恶意竞争，扰乱市场环境，用超低价的方式吸引委托单位。价格过高或过低，对于整个消防安全评估市场的培育和发展都是不利的。

18.3.3 灵活方便原则

费用估算标准内容清晰、计算简单，系数取值范围合理，便于评估机构和委托单位参考使用。费用估算标准力求满足目前国内绝大部分建筑消防安全评估报价和费用估算的需求，不同地区的不同建筑可按此费用估算标准估算消防安全评估所需的费用。即使非消防专业人员也能快速掌握本费用估算要领，做到心中有数，尽可能减少费用估算的误差而带来的工作不便。

18.4 建筑消防安全评估收费基准

（1）危险化学品及甲、乙类物品生产、储存、销售企业、发电厂（站）消防安全评估基准价 C_{b1} 按表 18-1 计取。

危险化学品及甲、乙类物品生产、储存、销售企业、发电厂（站）消防安全评估基准价

表 18-1

序号	投资总额	消防评估基准价与造价占比	建议基准价区间
1	造价≤500 万元	1%～1.5%	3 万～5 万
2	500 万元＜造价≤1000 万元	0.8%～1%	5 万～8 万
3	1000 万元＜造价≤5000 万元	0.24%～0.8%	8 万～12 万
4	5000 万元＜造价≤1 亿元	0.15%～0.24%	12 万～15 万
5	1 亿元＜造价≤2 亿元	0.1%～0.15%	15 万～20 万
6	2 亿元＜造价≤5 亿元	0.05%～0.1%	20 万～25 万
7	5 亿元＜造价≤10 亿元	0.03%～0.05%	25 万～30 万
8	10 亿元＜造价≤50 亿元	0.01%～0.03%	30 万～50 万
9	造价＞50 亿	0.005%～0.01%	50 万以上

（2）大型群众活动消防安全评估基准价 C_{b2} 按表 18-2 计取。

大型群众活动消防安全评估基准价

表 18-2

序号	活动人数	基准价单价(元/人)	建议基准价区间
1	人数≤5000 人	12～15	6 万～7.5 万
2	5000 人＜人数≤10000 人	10～12	5 万～12 万
3	10000 人＜人数≤50000 人	8～10	8 万～50 万
4	人数＞50000 人	6～7	30 万以上

（3）其他建筑消防安全评估基准价。建筑消防安全评估基准价 C_{b3} 按表 18-3 计取。

建筑消防安全评估基准价

表 18-3

序号	评估内容	基准价单价(元/m²)	备注
1	建立评估指标体系	0.1	必做
2	消防管理评估	0.3	必做
3	消防设施评估	1.0	必做
4	建筑防火评估	1.0	必做
5	消防性能化评估(有消防性能化设计或特殊消防设计的建筑)	0.5	必做(如有)
6	消防救援评估	0.2	必做
7	用电用气安全评估	0.3	必做
8	消防责任体系评估	0.2	选做
9	疏散 3D 仿真模拟	0.3	选做
10	装修和保温材料燃烧实体试验	0.2	选做
11	生产、储存物品的燃烧性能试验	0.2	选做
12	消防服务单位综合评价	0.1	选做
13	评估报告编制	0.2	必做

注：基准价根据本表计算的低于 5000 元的，按 5000 元计算。

18.4.1 必做项的相关依据

根据上述国务院、公安部及相关地方等出台的相关文件精神，消防评估工作至少应包括以下内容：

1. 建立评估指标体系，对评估结果进行量化评分，得出评估结论

2. 消防管理评估

消防管理评估包括制度评估、能力评估，具体包括以下内容：

（1）建筑物和公众聚集场所的消防合法性情况；

（2）制定并落实消防安全制度、消防安全操作规程、灭火和应急疏散预案情况；

（3）依法确定消防安全管理人、专（兼）职消防管理员、自动消防系统操作人员情况，组织开展防火检查、防火巡查以及火灾隐患整改情况；

（4）员工消防安全培训和"一懂三会"知识掌握情况，消防安全宣传情况，定期组织开展消防演练情况；

（5）消防安全责任人、消防安全管理人、专（兼）职消防管理员确定、变更情况，消防安全"四个能力"建设定期检查评估情况，消防设施维护保养落实并定期向当地公安机关消防机构报告备案情况；

（6）单位年内发生火灾情况；

（7）受到公安机关消防机构行政处罚和消防安全不良行为公布情况，对监督检查发现问题的整改情况；

（8）消防控制室值班及自动消防系统操作人员持证上岗情况；

（9）易燃易爆危险品管理情况。

3. 消防设施评估

消防设施评估具体包括以下内容：

（1）消防设备设施设置的合理性；

（2）消防设备设施设置的有效性（消防设备设施检测）；

（3）消防设施、器材和消防安全标志的设置情况。

4. 建筑防火及性能化评估

建筑防火及性能化评估具体包括以下内容：

（1）防火分区、防火分隔、防火间距、防烟分区设置的合理性；

（2）疏散通道、安全出口、烟气扩散和疏散能力；

（3）室内外装修和建筑外保温材料使用情况；

（4）单位结合实际加强人防、物防、技防等火灾防范措施情况；

（5）大空间改造后的防火性能。

5. 消防救援评估

消防救援评估具体包括以下内容：

（1）依法建立专职消防队及配备装备器材情况，扑救火灾能力情况；

（2）消防车通道保持畅通情况。

6. 用电用气安全评估

用电用气安全评估具体包括以下内容：

（1）电器产品、燃气用具的安装、使用情况；

（2）电气燃气线路、管路的敷设、维护保养情况。

18.4.2 选做项说明

1. 消防责任体系评估

对消防安全法规中关于主体责任的部分进行梳理，根据法规和上级部门或单位要求，结合实际工作的需要，分析被评估机构及其相关部门或单位在各项消防安全管理工作任务中的职责分工情况，确定工作任务的主责、配合、监管单位，评估职责分工是否完整、清晰、合理、合规。

2. 疏散 3D 仿真模拟

首先，对建筑进行 3Dmax 三维建模；然后，通过三维插件，将专业疏散计算软件和三维动态展示软件进行了结合，确保其仿真效果和展示效果满足项目要求。

3. 材料燃烧实体试验

对被评估建筑内的一些装饰装修材料和外墙保温材料进行燃烧实体试验，以更加科学地确定各种材料的燃烧特性和蔓延速率，从而更加准确地评估被评估建筑的消防安全性能。

4. 消防服务单位评价

对该建筑委托的维保、检测单位工作质量进行客观评价。

18.5 建筑消防安全评估取费系数

18.5.1 火灾危险等级系数

建筑消防安全评估采用的建筑火灾危险等级系数 i_1 按表 18-4 取值。

不同建筑火灾危险等级系数取值表　　　　　　　　　　　表 18-4

序号	建筑类型		系数 i_1
1	火灾高危单位	消防设施及器材类型≤4 种	1.3
2		消防设施及器材类型>4 种	2.0
3	一般单位	消防设施及器材类型≤4 种	1.0
4		消防设施及器材类型>4 种	1.3

18.5.2 建筑面积系数

建筑消防安全评估采用的建筑面积系数 i_2 按表 18-5 取值。

不同建筑面积系数取值表　　　　　　　　　　　　表 18-5

序号	建筑面积 S	系数 i_2
1	$S \leqslant 1000 \text{m}^2$	10
2	$1000 \text{m}^2 < S \leqslant 3000 \text{m}^2$	8

续表

序号	建筑面积 S	系数 i_2
3	$3000\text{m}^2<S\leqslant5000\text{m}^2$	6
4	$5000\text{m}^2<S\leqslant10000\text{m}^2$	5
5	$10000\text{m}^2<S\leqslant30000\text{m}^2$	3
6	$30000\text{m}^2<S\leqslant50000\text{m}^2$	2
7	$50000\text{m}^2<S\leqslant100000\text{m}^2$	1.3
8	$100000\text{m}^2<S\leqslant100000\text{m}^2$	1
9	$100000\text{m}^2<S\leqslant300000\text{m}^2$	0.9
10	$300000\text{m}^2<S\leqslant500000\text{m}^2$	0.8
11	$500000\text{m}^2<S\leqslant700000\text{m}^2$	0.7
12	$700000\text{m}^2<S\leqslant1000000\text{m}^2$	0.6
13	$S>1000000\text{m}^2$	0.5

18.5.3 地区系数

建筑消防安全评估采用的地区系数 i_3 按表 18-6 取值。

不同地区系数取值表　　　　　　　　　　　　　　表 18-6

序号	建筑所在地区类别	系数 i_3
1	港澳台地区	3
2	一线城市	2
3	新一线城市	1.5
4	二线城市	1.2
5	三线城市	1
6	四线城市	0.9
7	五线城市	0.8
8	村镇及其他	0.7

18.6 建筑消防安全评估费用计算

18.6.1 基准价计算

建筑消防安全评估基准价计算如下：

（1）对于危险化学品及甲、乙类生产、储存、销售企业、发电厂（站），其消防安全评估基准价 C_{b1} 按表 18-1 取费。

（2）对于大型群众活动消防安全评估，其消防安全评估基准价 C_{b2} 按表 18-2 进行计取。

（3）除上述两款外，其他建筑基准价 C_{b3} 可按式（18-1）计算：

$$C_{b3} = S \times \sum U_i \tag{18-1}$$

式中　C_{b3}——基准价（元）；

　　　S——建筑面积（m²）；

　$\sum U_i$——基准价单价（表 18-3 中选定的 i 项单价之和）。

18.6.2　评估费用计算

建筑消防安全评估费用计算如下：

（1）对于危险化学品及甲、乙类生产、储存、销售企业、发电厂（站），其消防安全评估费用 C_1 按式（18-2）进行估算。

$$C_1 = C_{b1} \times i_3 \tag{18-2}$$

式中　C_1——某危险化学品及甲、乙类生产、储存、销售企业、发电厂（站）的评估费用（元）；

　　C_{b1}——某危险化学品及甲、乙类生产、储存、销售企业、发电厂（站）的基准价（元）；

　　　i_3——地区系数，具体按表 18-6 选取。

（2）对于大型群众活动消防安全评估，其消防安全评估费用 C_2 按式（18-3）进行估算。

$$C_2 = C_{b2} \times i_3 \tag{18-3}$$

式中　C_2——某大型群众活动消防安全的评估费用（元）；

　　C_{b2}——某大型群众活动消防安全评估的基准价（元）；

　　　i_3——地区系数，具体按表 18-6 选取。

（3）除上述两款外，其他建筑评估费用 C_3 可按式（18-4）计算：

$$C_3 = C_{b3} \times i_1 \times i_2 \times i_3 \tag{18-4}$$

式中　C_3——某建筑的评估费用（元）；

　　C_{b3}——某建筑的基准价（元）；

　　　i_1——某建筑的火灾危险等级系数，具体按表 18-4 选取；

　　　i_2——某建筑的建筑面积系数，具体按表 18-5 选取；

　　　i_3——地区系数，具体按表 18-6 选取。

18.6.3　注意事项

（1）上述费用不包括专家论证会的费用。

（2）如果实际报价明显低于本费用估算价格的，除非有特殊情况，否则就存在恶意竞争的可能。其理由是，本估算费用标准是按成本加适当利润而成，故如果显著低于本估算费用标准的报价，就有可能是低于成本价报价。超低报价不但扰乱正常的招标投标市场环境，导致恶性竞争，而且势必造成评估质量、安全和工期难以保证等严重后果。所以，针对不合理的超低报价，就有必要要求其提供报价合理性的书面说明。委托单位只要依据当前市场情况，对每项报价的合理性进行评审，就能判定其报价是否属于合理范畴。

评估机构关于其报价合理性的书面说明文件，其核心要点是提供相关证据，内容须包括下列事项：

（1）提供本项目分项报价及其明细，包括但不限于现场调研费、性能化评估费、报告编制费、人员差旅费（如有）、人员通信费、投入人员的人工费、专家咨询费、管理费、利润、税金等。

（2）提供各分项报价的依据和说明，要细化到每种费用报价的理由，比如性能化评估费要说明设置几个场景及每个场景模拟的单价，工作站使用时间及时间费用单价等。人员劳务费要对人员的素质、职称进行分类说明，要对各类管理人员和技术人员投入的数量、使用时间和单价等进行说明。

（3）对于报价依据和说明，不但要提供文字和数据说明，还要提供行业取费标准和市场报价的有效证明材料作为附件。涉及材料设备采购和租赁的，要提供询价单；行业取费标准要提供本标准的有效版本号；询价单要提供供货厂家签章的报价单；人工成本要提供人员工资收入证明并加盖公章。

18.7 建立健全消防安全评估取费标准的措施建议

建立健全消防安全评估取费标准的措施建议有：

（1）专业化。消防安全评估取费标准的建立不但要求掌握消防评估专业技术，而且精通造价等财务专业知识。

（2）市场化。建议消防安全评估费用标准的编制要充分研究市场需求，在市场化前提下建立专业化的第三方消防安全评估费用咨询机构，为消防行业的良性、有序发展保驾护航。

（3）科学化。在摒弃"最低价中标"的基础上，结合消防安全评估实际发展状况和不同要求，全面考虑各种因素，制定委托单位和评估机构均能接受的取费标准。

（4）标准化。建立一套统一的适用于国内消防安全评估的费用标准体系，最大程度地避免恶性竞争和无序化发展。

（5）规范化。对评估内容、评估方法、评估过程的要求进行规范，提升评估效率和评估质量。

第19章
典型案例

本章以某大型国际机场航站楼消防安全评估为例，对其政策法规、对象范围、步骤流程、评估方法、技术路线、指标体系、软件仪器、组织架构、资料采集、质量把控、进度计划、汇总分析、措施对策等进行分析。

19.1　政策法规

该大型国际机场航站楼消防安全评估工作主要依据的政策法规如下：
- 《中华人民共和国安全生产法》（中华人民共和国主席令第 13 号）
- 《中华人民共和国消防法》（中华人民共和国主席令第 6 号）
- 《中华人民共和国突发事件应对法》（中华人民共和国主席令第 69 号）
- 《民用机场管理条例》（国务院令第 553 号）
- 《城镇燃气管理条例 》（国务院令第 583 号）
- 《危险化学品安全管理条例》（国务院令第 645 号）
- 《国务院关于加强和改进消防工作的意见》（国发〔2011〕46 号）
- 《突发事件应急预案管理办法》（国办发〔2013〕101 号）
- 《机关、团体、企业、事业单位消防安全管理规定》（公安部令第 61 号）
- 《消防监督检查规定》（公安部令第 109 号）
- 《建设工程消防监督管理规定》（公安部令第 119 号）
- 《消防监督检查规定》（公安部令第 120 号）
- 《社会消防技术服务管理规定》（公安部令第 129 号）
- 《仓库防火安全管理规则》（公安部令第 6 号）
- 《机关团体、企业、事业单位消防安全管理规定》（公安部令第 61 号）
- 《建设工程消防监督管理规定》（公安部令第 106 号）
- 《社会消防安全教育培训规定》（公安部令第 109 号）
- 《消防监督检查规定》（公安部令第 120 号）
- 《火灾事故调查规定》（公安部令第 121 号）
- 《消防产品监督管理规定》（公安部令第 122 号）
- 《注册消防工程师管理规定》（公安部令第 143 号）
- 《安全生产事故隐患排查治理暂行规定》（安监总局令第 16 号）
- 《特种作业人员安全技术培训考核管理规定》（安监总局令第 30 号）

- 《中华人民共和国公安部消防局关于进一步推进消防行业特有工种职业技能鉴定工作的通知》（公消〔2008〕556 号）
- 《社会消防安全教育培训大纲（试行）》（公消〔2011〕213 号）
- 《关于进一步加强社会消防安全培训和消防行业职业技能鉴定工作的通知》（公消〔2012〕126 号）
- 《火灾高危单位消防安全评估导则（试行）》（公消〔2013〕60 号）
- 《关于加强超大城市综合体消防安全工作的指导意见》（公消〔2016〕113 号文）
- 《中国民用航空应急管理规定》（交通部令 2016 年第 10 号）
- 《民用机场运行安全管理规定》（民航总局令第 191 号）
- 《中国民用航空应急管理规定》（民航总局令第 196 号）
- 《民用运输机场突发事件应急救援管理规则》（民航总局令第 208 号）
- 《防雷减灾管理办法（修订）》（中国气象局第 24 号令）
- 《生产安全事故应急预案管理办法》（安监总局令第 88 号）
- 《生产安全事故应急处置评估暂行办法》（安监总厅应急〔2014〕95 号）
- 《机场安全管理体系建设指南》

19.2 对象范围

机场航站楼作为重要的交通枢纽建筑，其建筑功能和运营特点使其有别于一般公共建筑和商业建筑，航站楼内形成了办公、储存、购物、文化、娱乐、游憩等各种业态功能复合、互为作用、互为价值链的空间，具有功能多样化、面积巨大、空间互通、旅客吞吐量大、人员组成国际化、进出港大厅和安检区人员密度高等特点。其主要存在如下火灾危险性：

（1）商业经营区域范围的调整和扩大。航站楼内的一些改造和扩建项目改变了原设计的限定条件，在严格限定火灾荷载的空间和共享区域内摆放化妆品、烟酒、食品和药品等易燃可燃物，不但增加火灾荷载，而且将影响疏散的功能。例如是在中庭和疏散楼梯附近等原设计没有任何商业功能的公共区域新增零售、餐饮、娱乐、展台和广告等。

（2）餐饮、休闲场所广告设置带来火灾隐患。建筑内餐饮场所、休闲场所广告设置的比例增加，扩容导致用火、用电、用气量增大。商业场所内的二次装修也容易因使用可燃材料而增加火灾隐患。

（3）航站楼内行李数量多、物品复杂，物品大部分为可燃物，在携带、分拣、传输、提取等过程中均有可能发生火灾且极易发生蔓延。

（4）随着火灾科学研究的深入研究和消防标准规范的更新，加之航站楼内实际使用人数逐年增加，以及航站楼内新业态（如唱吧、睡眠舱等）和新材料的出现，使得航站楼原有的防火构造和消防设施已不能满足目前和未来的运行要求。如果不进行升级改造，其消防安全风险将会提升，如航站楼局部屋面保温材料采用可燃的聚氨酯泡沫、大空间内未设置消防水炮、地下空间防排烟设施不足等，这些均构成航站楼的火灾隐患，并增加其消防安全管理难度。

（5）由于航站楼有其特殊的安保要求，平时多数疏散楼梯和部分防火门处于关闭状态；同时，由于后期改造等原因，航站楼消防应急疏散预案和疏散路线频繁进行更新，使得人员疏散的管理和引导的难度加大。

19.3　步骤流程

该大型国际机场航站楼消防安全评估工作包括两部分的内容：一是进行消防安全评估，包括对航站楼建筑的消防安全管理制度、消防安全管理体系、防火现状、消防设施和消防救援条件进行评估；二是进行消防性能化评估，包括对航站楼火灾烟气模拟、人员安全疏散、防火分区和防火分隔以及商业区域消防方案进行评估。

该大型国际机场航站楼规模大、人流多，电气设备多，需勘查的火灾风险因素多，工作量大，涉及面广。根据中国建筑科学研究院防火研究所（以下简称"我单位"）从事相关机场航站楼和大型公共建筑消防安全评估经验，结合我单位对该大型国际机场航站楼概况的了解，制订了符合本项目特点的步骤流程。该步骤流程按照工作阶段和内容可划分成 5 个独立而又密切相关的子步骤流程，详见表 19-1。

各子步骤流程内容列表

表 19-1

序号	子步骤流程	工作内容	负责团队	责任人
1	启动和策划子步骤流程	(1)召开项目启动动员会； (2)对实施方案进行细化和完善； (3)组建项目团队，细化工作职责	项目管理组	项目负责人
2	综合管理子步骤流程	(1)负责实施过程中与被评估单位的沟通协调； (2)负责人员、经费、设备的调配和供应； (3)定期召开专题项目会，及时处理解决评估过程中的问题	综合管理组	项目助理
3	实地评估子步骤流程	(1)相关资料收集； (2)对被评估单位相关部门进行调研访谈； (3)消防安全管理体系评估； (4)建筑防火评估； (5)消防设施评估； (6)消防救援评估	现场评估组	现场负责人
4	消防性能化评估子步骤流程	(1)相关资料收集； (2)进行烟气控制、人员疏散、防火分区分隔、商业方案、消防设施等性能化评估	技术分析组	项目副总工
5	报告编制子步骤流程	(1)负责过程文件的审批； (2)负责评估报告的整合、组织专家评审和最后定稿	报告编写组	项目总工

19.4　评估方法

该大型国际机场航站楼消防安全评估工作主要包括管理体系评估、建筑防火评估、消防设施及器材评估、安全性能评估等内容，针对不同的评估内容，将采用不同的评估方法，具体如下。

1. 管理体系评估

管理体系评估采用的主要评估方法为调研分析法、检查表法和经验分析法等。管理体系评估立足于火灾高危单位对消防安全工作的管理职能，以提升消防安全管理水平，打造国内领先的消防安全管理标杆为评估的出发点，采用调研分析法、检查表法和经验分析法等评估方法，在梳理消防工作任务的基础上，对消防安全管理架构、消防安全责任、消防安全制度建设、消防安全管理能力进行了评估。

2. 建筑防火评估

建筑防火评估采用的主要评估方法为安全检查表法。安全检查表法（SCL）是系统安全工程中一种最基础、最简便、广泛应用的系统危险性评价方法。使用安全检查表法（SCL）查找火灾高危单位建筑防火中防火分区、防火分隔、平面布置等方面的危险、破坏因素时，事先需要把检查对象加以分解，将大建筑防火系统分割成若干小的子系统，依据有关法规、标准、规程、规范的有关规定，逐一检查评定建筑防火设置和安全管理措施等是否符合有关规定，并将检查项目列表并逐项检查。

3. 消防设施及器材评估

消防设施及器材评估采用的主要方法为事件树分析法。事件树分析法（Event Tree Analysis，简称ETA）是安全系统工程中常用的一种归纳推理分析方法，起源于决策树分析（简称DTA）。它是一种按事故发展的时间顺序由初始事件开始推论可能的后果，从而进行危险源辨识的方法。这种方法将某消防系统可能发生的某种故障事故与导致事故发生的各种原因之间的逻辑关系用一种称为事件树的树形图表示，通过对事件树的定性与定量分析，找出事故发生的主要原因，为确定安全对策提供可靠依据，以达到猜测与预防事故发生的目的。目前，事件树分析法已从宇航、核产业应用到一般电力、化工、机械、交通等领域。在火灾高危单位评估中，它可以进行系统故障诊断，分析系统的薄弱环节，指导消防系统的安全运行，实现系统的优化设计等。

4. 消防安全性能评估

消防安全性能评估采用的主要方法为实体试验方法和数值模拟方法。实体试验方法就是对既有的评估目标进行实体试验，是最为理想的一种评估方法，一般可以考虑对评价目标的相关子系统的运行效果进行测试，如在中庭车库、地铁、航站楼等场所内进行防排烟及火灾蔓延的测试等。

数值模拟方法包括烟气流动模拟分析和人员疏散模拟分析，由于许多建筑运营的特殊性和空间的复杂性，实体试验的组织和实施相对来说比较困难，所以计算机模拟技术得到越来越广泛的应用。与实体试验研究相比，计算机模拟技术成本低、速度快、资料完备，具有模拟理想条件及模拟真实条件的能力。目前，在性能化防火分析中数值模拟分析手段得到了广泛的应用，模拟结果的可靠性已经得到证实。在火灾高危单位消防安全评估中同样可运用数值模拟分析的方法。

19.5　技术路线

火灾的发生、发展和防治规律不同于一般科学技术，它既不具有完全的确定性，又不是完全随机的，而是兼有确定性和随机性的双重特性。不仅其发生如此，火灾蔓延及其所造成的损失也同样如此。这是因为影响火灾的因素非常复杂，既有火灾本身的自然规律，又有经济社会的发展不断发生变化的影响。

　　根据该大型国际机场航站楼的评估范围和工作内容，首先，通过现场消防安全评估辨识航站楼存在的风险隐患，包括对消防管理体系、消防管理制度、建筑防火现状、消防设施设备、消防救援条件进行评估检查和功能检测；其次，通过性能化评估的方法评估航站楼的消防安全水平，分析防火分区分隔、商业区域消防方案、消防设施设置的效能；再次，对航站楼整体消防安全水平进行定量评估，评估以建立统一的消防安全评估指标体系为基础，根据评估目标划分评估单元、确立指标权重，综合评判评估对象的风险等级；最后，编制报告，根据评估结果提出有针对性的提高消防安全等级的措施和建议。本项目技术路线如图 19-1 所示。

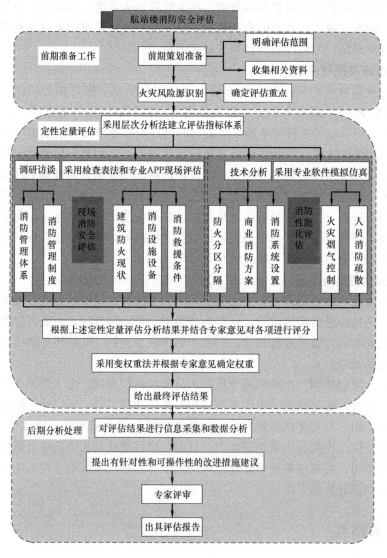

图 19-1　技术路线

19.6　指标体系

根据该大型国际机场航站楼的评估范围和工作内容，在评估指标体系建立过程中，采用综合评价法作为基本评估方法。首先，通过消防管理评审、现场消防核查、设施设备检测、燃烧实体试验、性能化火灾仿真模拟等方式，找出对火灾高危单位消防安全影响较重要的因素，并将其确定为"一级指标""二级指标""三级指标"。"一级指标"是影响单位消防安全的基本方面，每个"一级指标"由若干个"二级指标"组成，例如"消防安全管理"是影响单位消防安全的一个基本方面，构成消防安全评估体系中的"一级指标"；"二级指标"是组成"一级指标"的基本评估项目，同时也是对"一级指标"的细化，每个"二级指标"由若干个"三级指标"构成；"三级指标"是组成"二级指标"的具体评估内容和要求，"三级指标"包含了对消防安全的具体要求，即为评估体系中的"底层指标"，是直接评估的内容。

其次，采用改进的层次分析法计算各级指标的权重。Saaty 提出的 1～9 标度虽然对定性问题进行定量分析提出了一种可行的方法，但由于一般的打分人员对"稍微重要""明显重要""强烈重要""极端重要"这些模糊概念把握不准，往往根据自己在日常生活中对这些概念的理解来打分，而且每一个人在日常生活中对这些概念的理解也是不一样的，对层次分析法中这些概念的特殊含义也理解不透，特别是这些模糊概念对应的最后量化的权重。因此，提出一种改进的层次分析法。把判断矩阵 a_{ij} 由原来的 1、3、5、7、9 改成 $a_{ij} = w_i/w_j$，即用两指标的权重比代替原来的 1、3、5、7、9 标度。这样用层次分析法的计算公式算出的权重改进理论经证明是成立的。

然后，利用变权重法和风险指数的方法将权重设置为变权重或常权重。当某单项评分显著偏低，即该项存在较多问题或较大风险时，但由于该项权重较小，就会出现对总分影响偏小的情形，不易引起相关单位和部门的重视，即出现"权重淹没"情况。为了避免常权重评价的"权重淹没"，基于惩罚性变权原理，采用创新的变权重法来解决此类问题。将评估指标体系中"一级指标"和"二级指标"的权重设置为变权重，"三级指标"的权重设置为常权重，这样评估指标体系对评价值较低或不正常的指标因素项反应灵敏，而对评价值较高的指标因素项反应迟钝，解决了重要问题被"权重淹没"的问题。

在管理体系评估、建筑防火评估、消防设施及器材评估、安全性能评估中，既有定量指标，也有定性指标，通过建立评估指标体系，将定性分析与定量分析相结合，以定性分析为主，辅以定量分析，对定性指标进行量化评估计算；最后，根据管理体系评估、建筑防火评估、消防设施及器材评估、安全性能评估分析的数据，得到了一个统一、相对科学、合理的评估结果。依据以往大型国际机场航站楼消防安全评估经验，结合该大型国际机场航站楼消防安全评估的主要工作，建立了该大型国际机场航站楼消防安全评估指标体系，具体见表 19-2。

在对该航站楼的各项资料查阅的基础上，综合变权重法、缺陷分度法、性能化模拟仿真、实体燃烧试验、访谈调研、建筑实地核查、设施设备功能检测等方法，对机场航站楼的消防管理体系、建筑防火、安全疏散、消防设备设施等多方面进行全面系统评估，经综合评定，该单位消防安全风险指数为 438.5，评估结果详见表 19-3。

航站楼消防安全评估指标体系   表 19-2

序号	内容	权重	序号	内容	权重
			1	合法性	—
1	基本情况	0.04	2	消防违法行为改正	0.30
			3	火灾历史	0.70
			4	制度及规程	0.18
			5	组织及职责	0.14
			6	消防安全重点部位	0.12
2	消防安全管理	0.15	7	防火巡查和防火检查	0.20
			8	火灾隐患整改	0.08
			9	消防宣传教育、培训和演练	0.15
			10	易燃易爆危险品、用火用电和燃油燃气管理	0.08
			11	共用建筑及设施	0.05
			12	耐火等级	0.10
			13	防火间距	0.13
3	建筑防火	0.14	14	平面布置及防火防烟分区	0.25
			15	内部装修	0.20
			16	建筑构造	0.22
			17	通风和空调系统	0.10
			18	安全出口、疏散通道及避难设施	0.40
4	安全疏散避难	0.19	19	火灾应急照明和疏散指示	0.25
			20	火灾警报和应急广播	0.20
			21	疏散引导及逃生器材	0.15
			22	消防控制室	0.18
5	消防控制室和消防设施	0.22	23	消防设施的设置和功能	0.67
			24	消防设施的维护保养	0.10
			25	消防设施的年度检测	0.05
			26	产品质量及选型	0.30
6	电气防火	0.07	27	运行状况	0.25
			28	防雷、防静电	0.25
			29	电气火灾预防检测	0.20
			30	主要出入口消防标识及消防安全告知书	0.15
7	消防标识	0.05	31	消防车通道、防火间距、消防登高操作面及消防安全重点部位标识	0.25
			32	消防设施设备标识	0.30
			33	制度标识和其他提示标识	0.30
8	灭火救援	0.10	34	专职、志愿消防队	0.50
			35	灭火救援设施	0.50

续表

一级指标			二级指标		
序号	内容	权重	序号	内容	权重
9	其他消防措施	0.02	36	采取电气火灾监控等措施	0.40
			37	自动消防设施日常运行监控	0.30
			38	单位消防安全信息户籍化管理	0.30
10	保险	0.02	39	火灾公众责任险投保	0.70
			40	投保额度	0.30

航站楼消防安全评估指标体系评估结果　　　　　　　　表19-3

单项	要素数目	航站楼评估结果				单项得分	风险	风险指数
		符合	有缺陷	不符合	不适用			
基本情况	5	5	0	0	0	100	低	4
消防安全管理	38	36	2	0	0	90.78	低	15
建筑防火	24	17	0	4	3	82.19	低	14
安全疏散避难	14	9	1	1	3	78.56	中	123.5
消防控制室和消防设施	12	8	0	4	0	70.16	中	143
电气防火	13	11	1	0	1	81.99	低	7
消防标识	12	3	6	1	2	53.30	高	70
灭火救援	9	7	0	0	2	82.10	低	10
其他消防措施	6	3	0	2	1	25.21	极高	50
保险	2	2	0	0	0	100	低	2
合计	135	101	10	12	12	—	—	438.5

19.7　软件仪器

　　针对该航站楼消防安全评估，我单位专门配备了各类消防技术服务基础设备168台（件），各类专业检测、试验设备94台（件），高配置的工作站、数据服务器等硬件设备8台。设备数量及种类符合此次消防安全评估的消防安全检查、消防设施现场检测、数据处理、软件运行和评估人员个人防护的要求。

　　针对该航站楼的消防安全评估，我单位配置的评估软件主要包括：计算流体动力学软件Fluent、美国国家标准技术局开发的火灾动力学模拟工具FDS、消防模拟软件Thunderhead Engineering PyroSim。人员疏散分析软件STEPS3.0、Building Exodus及Pathfinder，结构有限元分析软件Abaqus、Ansys，可完成该航站楼的消防安全评估、火灾蔓延分析及结构受火分析等相关评估工作；同时，为提高该航站楼消防评估工作中数据处理、调查取证的工作效率，我单位引入了信息化技术手段，开发了针对火灾高危单位消防安全评估现场检查移动端APP、PC端数据后处理软件，提高了消防安全评估现场检查效率和后期数据整理效率。下面对火灾试验、烟气模拟、疏散模拟过程中的部分成果进行展示。

19.7.1　火灾试验

《建筑防烟排烟系统技术标准》GB 51251—2017 给出了部分典型场所的火灾规模，然而机场航站楼对可燃物的控制管理更严格，标准中部分数据相对保守且无法完全涵盖机场内所有场所的火灾规模。因此，本次评估将通过实体试验的方式测定实际的火灾规模。根据现场踏勘情况，本次评估开展了以下几组试验研究，见表 19-4。

航站楼试验分组

表 19-4

序号	场所	试验目的	试验内容
1	开敞贵宾休息室	(1)检验火灾危险性,观测火灾蔓延情况; (2)测定火灾规模等相关数据	(1)地毯试验; (2)茶几试验; (3)沙发试验; (4)沙发单元组合试验
2	普通候机区	(1)检验火灾危险性,观测火灾蔓延情况; (2)测定火灾规模等相关数据; (3)判定燃烧性能等级	(1)座椅材料耐火试验; (2)座椅火灾蔓延试验
3	开敞餐厅	(1)检验火灾危险性,观测火灾蔓延情况; (2)测定火灾规模等相关数据	(1)餐桌试验; (2)座椅试验; (3)餐桌椅组合试验
4	开敞书店	(1)检验火灾危险性,观测火灾蔓延情况; (2)测定火灾规模等相关数据	(1)立式书柜蔓延试验; (2)墙壁式书柜蔓延试验
5	公共区	判定燃烧性能等级	广告幕布 SBI 标准试验

主要试验设备介绍如下。

1. 家具燃烧试验设备

试验采用家具燃烧试验设备，该设备主要由标准试验房间、标准点火源、锥形收集器、排烟管道、烟气冷却器、风机及测量装置、电脑操作部分组成（图 19-2），主要用于墙壁内表面及顶板的表面材料、软垫家具或者软垫家具的实体模型等的燃烧试验。它采用特制燃烧器，性能可靠，技术先进。标准试验房间长 3m、宽 3m、高 4.8m。特点如下：

（1）采用特制燃烧器。

（2）由计算机自动采集、处理数据，并打印测试报告。

（3）人机对话，操作简单，运行可靠。

2. 摄像机

火灾的图像摄录是一个重要内容，试验结束后，利用录像机的慢放功能可详细分析试验过程及现象，利用数码图像转换仪将试验过程中有代表性的图像转变为图片，并利用这些连续时间序列的图片，与

图 19-2　家具燃烧试验设备

采集到的试验数据相对比，为后面的试验分析提供支持。

3. 数据采集系统

热辐射通量计送回的信号、气体分析仪的输出信号，以及热电偶输入温度表经处理放大后的信号，全部送入数据采集卡进行 A/D 转换，得到数字信号再送入微型计算机，计算机每 3s 记录一次数据并存储，以备后期数据处理。

试验采用研华 PCI-1713 数据采集卡，它是一款 PCI 总线的隔离高速模拟量输入卡，提供了 32 个模拟量输入通道，采样频率可达 100KS/s，12 位分辨率及 2500YDC 的支流隔离保护，采用 32 路单端或 16 路差分模拟量输入，每个通道的增益可编程，支持软件、内部定时器触发或外部触发。其编程可输入范围：双极性，$\pm 10V$，$\pm 5V$，$\pm 2.5V$，$\pm 1.25V$，$\pm 0.625V$；单极性，$0\sim10V$，$0\sim5V$，$0\sim2.5V$，$0\sim1.25V$。

试验场景"模拟房间墙壁式书柜中部电气线路短后可能引发的着火现象"的试验设备布置如图 19-3 所示。

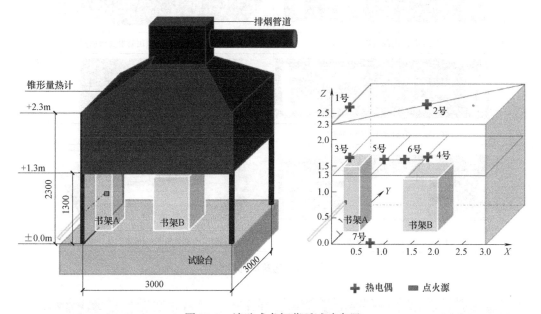

图 19-3 墙壁式书柜蔓延试验布置

19.7.2 烟气模拟

利用火灾动力学软件 FDS 对排烟效果进行模拟，给出验证结果和模拟结论。根据CAD 图纸，结合现场勘察情况，建立 FDS 模型，如图 19-4 所示。

19.7.3 疏散模拟

人员疏散模型建立的依据是机场方提供的图纸，首先要对 CAD 图纸做必要简化与组合；然后，将 DXF 格式的文件导入到 PyroSim2010 及 Evacuator 软件中，生成立体图形；最后，将 FDS 文件导入到 Pathfinder 软件中，定义相关连接和参数，选择数学模型和相关设置，完成建模工作。Evacuator 软件模型如图 19-5～图 19-13 所示。

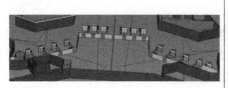

FDS模型-内部效果图(增加安检口)

FDS模型-内部效果图(乐水驿站)

FDS模型-内部效果图(书店)

FDS模型-内部效果图(国航贵宾休息室)

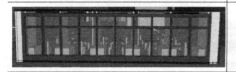

FDS模型-内部效果图(漫咖啡)

FDS模型-内部效果图(浮岛外扩厨房)

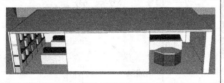

FDS模型-内部效果图(书店)

FDS模型-内部效果图(国航贵宾休息室)

图 19-4　建筑局部模型

图 19-5　航站楼疏散模型一

图 19-6 航站楼疏散模型二

图 19-7 航站楼疏散模型三

图 19-8 航站楼疏散模型四

图 19-9　航站楼疏散模型五

图 19-10　航站楼疏散模型六

图 19-11　航站楼疏散模型七

图 19-12　航站楼疏散模型八

图 19-13　航站楼疏散模型九

19.8　组织架构

根据评估内容及工作量,对该航站楼消防评估项目投入 36 名技术人员,包括研究员 10 人,高级工程师 10 人,工程师 12 人,助理工程师 4 人;其中,18 人具有一级注册消防工程师证书。团队大部分人员对机场航站楼的消防性能化设计、消防系统及设施配置、消防管理体系和制度非常熟悉,可更好地完成该航站楼相关工作。评估人员安排及职责分工见表 19-5。

评估人员安排及职责分工　　　　　　　　　　　　　　　　表 19-5

序号	组别	成员	职责
1	项目管理组	项目负责人 项目总工 项目助理 现场负责人	(1)接到中标通知后立即召开项目启动会; (2)根据最新收集的相关信息和资料对投标的实施方案进行细化和完善; (3)组建项目团队,细化工作职责

序号	组别	成员	职责
2	综合管理组	组长、组员	(1)负责项目实施过程中与业主的沟通协调； (2)负责项目人员、经费、设备的调配和供应； (3)定期召开专题项目会，及时解决过程中的问题
3	性能化 分析组	组长、组员	(1)相关资料收集； (2)烟气控制、人员疏散、防火分区分隔、商业方案、消防设施性能化评估
4	报告编写组	组长、组员	(1)负责过程文件的审批； (2)负责评估报告的整合、组织专家评审和最后定稿
5	体系调研组	组长、组员	(1)相关资料收集； (2)对相关部门进行调研访谈； (3)消防安全管理体系、管理制度和法律责任评估
6	设施检测组	组长、组员	(1)对现场建筑消防设施的运行状况进行检查、测试并分析汇总，对有问题的项进行记录，采集照片，提出整改措施意见； (2)对航站楼现有消防设施电气装置的安装质量、系统功能结合新规范进行对比，提出与新规范不相符的项目； (3)对近3年的《建筑消防设施检测报告》《电气防火检测报告》进行问题分析与现场复核； (4)对近3年的消防设施维保记录、消防设施维保报告、火灾报警控制器的运行记录进行查看与分析
7	现场评估组	组长、组员	(1)航站楼建筑防火检测评估； (2)航站楼消防设施检测评估； (3)航站楼消防救援检测评估

19.9　资料采集

根据该大型国际机场航站楼的评估范围和工作内容，采集了如下资料：

1. 相关管理制度

- 消防安全培训内容参考大纲
- 机场消防安全季度考核办法
- 机场消防安全考核表
- 机场火灾隐患级别判定办法
- 机场民用建筑、附属库房消防管理要求
- 机场消防控制室管理要求
- 机场消防设备设施器材维护管理要求
- 机场应急预案编制参照标准
- 机场应急预演练参照标准
- 机场航站楼管理部消防安全管理规定
- 调整后的机场航站楼管理部组织机构及编制

2. 相关图纸
- 航站楼建筑平面图
- 航站楼大屏幕位置图
- 航站楼报警系统图
- 航站楼喷淋系统阀门位置图
- 航站楼区域指示图（含防火分区分布）
- 航站楼消防重点设备位置图
- 航站楼消防指示图（重点设备机房＋水炮布置）
- 航站楼水炮系统图
- 航站楼消火栓系统阀门位置图
- 航站楼防火分区图
- 航站楼立面图
- 航站楼空调防排烟图
- 航站楼消防疏散图

3. 性能化报告
- 航站楼爱马仕店消防安全复核报告
- 航站楼爱马仕店设计消防安全分析报告
- 航站楼复核报告
- 航站楼设计报告
- 航站楼消防性能化复核报告
- 航站楼消防性能化设计报告

4. 其他文件
- 航站楼消防设计方案
- 航站楼消防初步设计说明
- 航站楼消防设计施工图
- 航站楼设备清单
- 航站楼消防应急疏散预案
- 航站楼消防审核验收意见
- 航站楼基本情况

19.10 质量把控

　　该航站楼消防评估项目旨在对航站楼进行消防安全及消防设施设置情况评估，评估工作最重要的目标就是完成航站楼消防评估项目的质量目标。总的来说，本次评估工作的质量目标是：符合国家相关技术标准、规范及业主的相关要求，即进一步提高航站楼的消防安全水平，确认其消防安全条件是否满足机场运营的要求，确保机场运营（包括商业设施设置）的灵活性，加强航站楼预防火灾、抵御火灾的能力。因此，本次评估工作的内容主要包含两项：一是对航站楼进行消防安全评估；二是对航站楼进行消防性能化评估。消防安全评估及消防性能化评估的质量目标如下。

（1）消防安全评估目标。运用科学的检查检测方法，对航站楼的建筑消防安全管理体系进行评估、对建筑防火现状进行检查评估、对航站楼消防设施进行检查评估、对消防救援条件进行评估。通过评估，建立统一的消防安全评估指标体系。根据评估目标划分评估单元，确立指标权重，通过现场检查综合评判评估对象的风险等级，并根据评估结果提出有针对性的提高消防安全等级的措施和建议。

（2）消防性能化评估目标。运用科学的模拟仿真评估方法，对航站楼火灾烟气控制进行评估、对人员疏散进行评估、对航站楼防火分区与分隔设施进行评估、对商业区域消防方案进行评估、对消防设施的设置方案进行评估。通过性能化评估，对标航站楼原有设计，评估航站楼内改变部位及扩建部位消防设施是否能够满足整体消防安全要求，并根据分析结果对现有消防系统及设施提出优化建议。

根据公安部消防局发布的《社会消防技术服务管理规定》（公安部令第 129 号），参照《火灾高危单位消防安全管理规定》（京政办发〔2014〕7 号）等有关文件要求，结合我单位的实际情况，我单位编制了《中国建筑科学研究院建筑防火研究所质量手册》，本手册是我单位消防安全评估工作的纲领性文件，用以统一、规范我单位的消防安全评估管理活动。我单位员工在进行消防安全评估时严格贯彻落实手册内容，确保工作质量。

为实现质量目标，我单位严格遵守了质量控制体系制度，严格对过程中各项工作和文件进行质量管控，依据作业指导书规范评估工作。为保证该航站楼按期高质量完成，严格把控工作质量，针对该航站楼消防安全评估，中国建筑科学研究院建筑防火研究所制定了专门的质量管理体系文件，即《该航站楼消防评估项目质量管理手册》。根据总进度安排及业主需求，我单位用时 6 个月完成该航站楼评估实地检查工作及性能化评估工作；评估整体用时近一年时间，完成了所有评估数据汇总和检查、分析评估、资料整编、成果报告编写等工作。

19.11　进度计划

该航站楼评估总体关键节点进度计划及完成情况见表 19-6。

总体关键节点进度计划及完成情况　　　　　　　　　　表 19-6

序号	关键节点内容	开始时间	完成时间	实际完成情况
1	项目中标	2018 年 2 月 5 日	2018 年 4 月 20 日	2018 年 4 月 20 日
2	合同签订	2018 年 4 月 20 日	2018 年 9 月 16 日	2018 年 9 月 16 日
3	实施前策划	2018 年 4 月 21 日	2018 年 6 月 1 日	2018 年 6 月 1 日
4	资料收集	2018 年 5 月 15 日	2018 年 7 月 15 日	2018 年 7 月 15 日
5	现场评估	2018 年 6 月 5 日	2018 年 12 月 7 日	2018 年 12 月 7 日
6	性能化评估	2018 年 7 月 30 日	2018 年 12 月 14 日	2018 年 12 月 15 日
7	资料数据分析整理	2018 年 10 月 20 日	2018 年 12 月 14 日	2018 年 12 月 15 日
8	各子报告审核定稿	2018 年 12 月 15 日	2018 年 12 月 25 日	2018 年 12 月 25 日
9	主报告初版编制	2018 年 12 月 1 日	2018 年 12 月 31 日	2018 年 12 月 31 日
10	主报告评审	2018 年 1 月 15 日	2018 年 1 月 31 日	2018 年 1 月 31 日
11	主报告定稿	2019 年 2 月 1 日	2019 年 2 月 28 日	2019 年 2 月 28 日

19.12　汇总分析

随着近年来我国经济的快速发展，火灾造成的灾害问题越来越成为焦点。在各类火灾中，建筑火灾对人们的危害最严重、最直接。民航承载着交通运输的压力逐年增加，航站楼作为交通基础设施的重要组成部分，空间组成复杂，人员流量巨大，发生事故后果影响巨大，如何保证其安全有效的运行成为现阶段需要考虑的关键点。由于航站楼的特殊作用，一旦发生火灾，不仅危害旅客的生命安全，还会引发极大的社会影响。近年来，国内外机场航站楼火灾事故频发，比如，2016 年 4 月 29 日，虹桥机场 T1 航站楼改造工程地下空间发生火灾，造成 2 人死亡、2 人重伤、3 人轻伤；2018 年 1 月 26 日，泰国孔敬机场 3 楼候机厅突发大火，起火建筑物屋顶有超过 40％的区域被烧毁，候机厅内 1000 多名旅客慌忙逃命，场面一片混乱。

机场航站楼消防安全体系的构建，主要包括火灾预防与可燃物控制、火灾探测报警与灭火、火灾应急管理和处置三部分的内容。贯彻"预防为主，防消结合"的方针和指导思想，真正做到居安思危、防患未然，消防评估也须从这三个方面入手，对机场航站楼的消防安全水平和状况进行全面、客观的分析及评价。

在整个评估过程中，首先，通过调研访谈和咨询法律专家的方式对航站楼的消防管理体系和消防责任体系进行评估；其次，依据消防产品标准规范，采取现场检测和联动测试的方式对现场消防设施设备进行功能检测、联动测试，掌握航站楼消防设备设施的完好情况及存在的隐患，并同时对消防维保和消防检测单位的服务质量进行客观评价；再次，通过采取现场排查、图纸分析和规范对标的方式对航站楼的建筑防火、消防系统及消防救援等方面的设计和施工规范符合性进行全面评估，确定航站楼现有消防条件是否满足标准规范和航站楼安全运行的要求；然后，通过专业软件、现场勘察和实体燃烧试验等方式进行性能化评估，对航站楼人员疏散、烟气扩散、防火分隔、商业设施及消防系统配置的消防安全水平进行模拟仿真和场景演算，计算机模拟分析航站楼内可能发生的火灾场景下的火灾危险源特性和火灾烟气流动特性，从而判定人员在各类火灾场景下能否安全疏散；最后，在总结前四部分检查成果的基础上，根据评估目标划分评估单元，综合运用安全检查表法、层次分析法及专家打分法等评估方法，建立科学的消防安全评估指标体系，对航站楼的总体消防安全水平进行量化打分，从而确定各航站楼的消防安全水平，并根据评估结果有针对性地提出提高消防安全水平的措施和建议。

19.13　措施对策

该机场航站楼消防安全水平建议从消防安全的软硬件两方面同时入手，按照"专业管控，双管齐下，统筹兼顾，责任到人，先主后次，分步实施"的原则逐步完善。首先，在软件方面，通过增岗增编、强化管理技术培训和引进专业技术机构，建立健全消防安全管理和责任体系，加强消防安全制度和能力建设；其次，在硬件方面，通过对标建成时的规范和现有规范，衡量问题导致的后果严重程度，将现场检查检测和评估发现的问题根据重要性、紧迫性和整改难易程度进行分类，提出立即整改、专项整改和升级改造三种针对性的整改措施建议，供业主部署整改计划时参考。

　　消防安全评估在减少火灾事故，特别是重特大恶性火灾事故方面取得了巨大效益。本次评估利用科学原理，吸收国内外先进经验和方法，不断创新评估方法，从而有效地对机场航站楼消防安全评估进行定性、定量分析，发现了机场航站楼消防安全方面存在的一些不足，并提出了相应的改进措施，为进一步提高机场航站楼的消防安全水平提供决策参考。

第三篇

区域消防安全评估

区域消防安全评估是指对城市、县城、乡镇的建成区、规划区等根据需求划定的区域进行的消防安全评估，通过分析影响评估对象消防安全的相关因素，采用适当的方法评估其消防安全状况，科学、合理地确定评估对象的消防安全水平，查找消防安全问题，提出针对性的对策措施及建议。

随着社会经济的快速发展和城乡一体化建设进程的不断加快，各类功能区域日渐成熟，功能日趋复杂，火灾风险逐年增大。城市中心区人员密集，高层建筑，尤其是超大城市综合体及商业圈逐年增多；老旧街区、棚户区因为发展的不平衡性短期内难以彻底消除；原位于城市边缘的易燃易爆危险化学品生产、储存、经营场所随着城市区域的扩大发展也逐渐贴近城市，存在诸多火灾隐患；新的工业、商业园区逐步形成，然而消防安全水平却相对落后；文物建筑被民居、商店、饭店等包围在人员密集的区域，区域消防安全问题突出。为了准确研判区域整体消防安全形势，有效控制城镇区域的火灾风险，服务城市总体规划，有必要进行区域消防安全评估。

通过区域消防安全评估，分析影响区域消防安全的相关因素，分析城市区域消防安全状况，查找当前消防工作薄弱环节。通过确定不同的消防安全水平等级（火灾风险级别），实现城市消防安全的风险分级管控，部署相应的消防救援力量，建设城市消防基础设施，可为城市区域一段时期内明确消防工作发展方向，指导消防事业发展规划提供参考依据。

第20章
政策法规

20.1 政策发展沿革

区域消防安全评估，根据评估需求的不同可以分为城市区域消防安全评估和区域火灾隐患评估（也称建筑群消防安全评估）。城市区域消防安全评估是对城市整体的消防安全形势进行分析研判的综合评估；建筑群消防安全评估是对某区域内一些特定场所或者所有类型场所的消防安全水平和现状的一种评估。建筑群消防安全评估的结果是城市区域消防安全评估工作的基础数据支撑，是衡量城镇区域消防安全形势的重要指标。

20.1.1 城镇区域消防安全评估

2011年12月30日，由国务院印发的《国务院关于加强和改进消防工作的意见》（国发〔2011〕46号）明确提出：公安机关及其消防部门要严格履行职责，每半年对消防安全形势进行分析研判和综合评估，及时报告当地政府，采取针对性措施解决突出问题。此文件首次提出了对城市进行消防安全形势分析的需求。

2016年12月23日，公安部消防局印发了《公安部消防局2017年工作要点》（公消〔2016〕411号），要求落实消防安全形势定期分析研判制度，推广北京、上海、山东等地做法，指导各地深入开展消防安全高风险源调查评估工作，切实找准辖区消防安全突出问题和火灾高风险区域，报党委政府研究针对性措施以逐步解决相关问题，2017年省会（首府）和副省级城市全部完成评估工作。

2017年10月29日，公安部消防局印发了《公安部消防局2018年工作要点》（公消〔2017〕378号），明确指出要严格落实消防安全分析评估和研判机制，推广北京、上海经验，指导地级市全部完成评估工作，切实找准影响消防安全的重大问题，研究提出有针对性的改进措施并报当地政府研究解决，切实推动评估结果落地。

2017年10月29日，国务院办公厅印发《消防安全责任制实施办法》（国办发〔2017〕87号），强调地方人民政府要"定期分析评估本地区消防安全形势"，也体现出地方开展城镇消防安全评估工作的必要性和迫切性。

除了政策引导外，国家相关法规的颁布和标准的制定，表示对开展城镇消防安全评估工作有迫切需要。

国家相关政策颁布后，各级人民政府和消防部门高度重视城镇区域消防安全评估，2014年5月1日实施的《社会消防技术服务管理规定》（公安部令第129号）中提到，消防技术服务也包括"区域消防安全评估"。

2015年9月1日实施的国家标准《城市消防规划规范》GB 51080—2015中首次提出"编制城市消防规划，应结合当地实际对城市火灾风险、消防安全状况进行分析评估"。

20.1.2 建筑群消防安全评估

2011年12月30日，由国务院印发的《国务院关于加强和改进消防工作的意见》（国发〔2011〕46号）明确提出：要强化火灾隐患排查整治。要建立常态化火灾隐患排查整治机制，组织开展人员密集场所、易燃易爆单位、城乡接合部、城市老街区、集生产储存居住为一体的"三合一"场所、"城中村"、"棚户区"、出租屋、连片村寨等薄弱环节的消防安全治理。

2017年12月29日，国务院办公厅印发了《消防安全责任制实施办法》（国办发〔2017〕87号），其中第六条规定，县级以上地方各级人民政府应当落实消防工作责任制职责中的要求，要建立常态化火灾隐患排查整治机制，组织实施重大火灾隐患和区域性火灾隐患整治工作。实行重大火灾隐患挂牌督办制度。

国家政策颁布后，各地区均积极开展工作部署，其中广东省开展的区域性火灾隐患排查整治工作在全国处于领先地位，自2011年广东省人民政府就制定了火灾隐患重点地区挂牌督办整治制度，至今已经开展了十年，主要检查重点地区内所有"三小"场所、出租屋、公共场所和工业建筑等场所的火灾隐患排查整治情况，摸清其消防安全网格化管理、市政消火栓、多种形式消防队伍建设状况。

20.2 法规标准现状

20.2.1 城镇区域消防安全评估标准现状

随着国家政策的颁布和相关法规标准的要求，对城镇进行消防安全评估已是必要和迫切开展的工作。各地方和各类评估机构采用的评估流程、评估方法、评估内容等差别较大，评估质量参差不齐，缺乏科学的评判标准，影响评估结果的运用和对城镇消防安全工作的指导及促进作用。为此，迫切需要从国家层面制定城镇区域消防安全评估方面的标准来规范国内各评估机构评估行为，保障评估质量。

2015年10月27日，国家标准委员会向公安部等部门下达了《智慧城市评价模型及基础评价指标体系 第1部分：总体框架》等23项国家标准制修订计划的通知（国标委综合〔2015〕66号），批准由上海消防研究所起草推荐性国家标准《城镇区域消防安全评估》（计划编号：20152354-T-312），并于2018年3月出台《城镇区域消防安全评估》征求意见稿。此标准的制定出台将对各地区开展的区域消防安全评估工作有指导性意义。

20.2.2 建筑群消防安全评估标准现状

建筑群消防安全评估，主要是针对企业园区、街区和城镇等数量较多或者大批量的建筑进行整体评判区域火灾风险的消防安全评估工作。

目前，国内针对区域火灾隐患主要依靠政府消防部门的监督检查和业主自查，一些经济发达地区建筑类型多样且数量多，政府消防部门的监管工作难以面面俱到，只能采用抽查监管方式，在无形中增加了火灾隐患。广东省经济的迅速发展，随之带来的火灾隐患也极具增多。为了减少火灾发生，提高全民消防安全素质和公共消防安全水平，广东省率先开展了通过聘请第三方评估机构的方式对挂牌督办的火灾隐患重点地区进行整治验收工作，做到逐家验收，不留死角。因此，为使实地检查验收工作科学、合理且方便，各地区进行横向比较，针对其建筑特点出具了《火灾隐患重点地区整治验收实地检查评估标准》，主要涉及的建筑种类和内容有"三小"场所、出租屋、公共场所、工业建筑、市政消火栓、多种形式消防队伍建设和消防安全网格化管理等。

20.3 发展展望

区域消防安全评估是分析研判地方消防安全形势的一项重要手段，也是找出社会面火灾防控工作薄弱环节的重要依据。评估区域范围大小，在一定程度上决定了评估内容的详细程度，目前国家相关政策要求地市级需要进行城市区域消防安全评估，为了能够获得更加翔实、准确的数据，区域消防评估应扩延到县镇级。

鉴于各地区开展的区域消防安全评估工作使用的评估方法和评估标准不一，且部分地区聘请的消防技术服务机构技术水平参差不齐，为了使区域消防安全评估工作开展得更加科学、合理，有必要研究出台国家统一的区域消防安全评估标准；同时，研发精准实用的评估工具，使区域消防安全评估工作的开展更具系统性、普遍性和科学性。

建筑群消防安全评估是城市区域消防安全评估工作中较为重要的一项内容，不仅可以全面了解城市的火灾风险，而且可以摸清高风险场所的危险性程度大小，对提高城市整体消防安全水平具有重要的推动意义。为加强消防工作的开展，有效提高各地区火灾防控能力，建议各省市效仿广东省每年开展的火灾隐患重点地区整治验收工作，将整治验收情况纳入消防工作考核制度中，建立要与主要负责人、分管负责人和直接责任人履职评定、奖励惩处相挂钩的制度。

第21章
对象内容

21.1 概述

区域消防安全评估是对一定范围内所有既有的与消防相关的因素进行调研、分析，给出其消防安全状态结论的评估，属于现状评估。区域消防安全评估不仅可以了解该区域内建筑消防安全现状，排除隐患，提升消防安全水平，而且还可分析该区域内公共基础消防条件是否满足其消防需求，如消防站点的设置、消防道路情况、市政消防供水条件、民众消防安全意识、消防救援水平等。

可以看出，与一般建筑消防安全评估相比，区域消防安全评估包含的因素更多，给出的结论更宏观。它可用来分析建筑消防安全水平、公众消防安全意识状态、消防应急救援能力、政府消防管理等，以整体判断行政区域内的消防安全形势，查找消防工作薄弱环节，为消防隐患整改、未来消防专项规划等提供技术支撑。

区域消防安全评估根据评估范围，可分为政府主导的城区级区域消防安全评估和社会单位主导的园区级区域消防安全评估两大类。城区级区域消防安全评估是政府部门评估区域消防安全状况的重要手段，可为明确专项消防整治方向、建设城市消防基础设施、规划消防事业发展提供重要的参考；园区级区域消防安全评估是社会单位评估一定区域内消防安全状况的重要手段，可为全面整治园区内的消防安全隐患、合理划拨消防经费、制订改造计划等提供依据。

我国经济快速发展，人口密度逐渐加大且各种复杂建筑、人员聚集场所密集分布，易燃易爆物品生产、存储区域常位于城市周边，原本在城市边缘的村镇也常被高楼大厦包围，变为城市区域，其消防基础设施建设往往落后于城市建设，这些均使得区域消防安全影响因素趋于复杂。因此，2012年底，公安部消防局制定了《建立消防安全形势分析评估制度的指导意见》（公消〔2012〕341号，简称《指导意见》），拟综合运用区域消防安全评估技术，提升区域消防安全。

21.2 评估对象

区域消防安全评估的评估对象可以分为法定评估对象和提升消防安全的其他评估对象。

1. 法定评估对象

《指导意见》指出：省、市、县级公安机关消防机构应每年开展一次综合性消防安全形势分析评估工作，并于当年 12 月底前完成。上半年，可以开展消防安全形势分析。有条件的地方，可以委托有资质的消防技术服务机构进行分析评估。因此，法定评估对象主要为各省、市、县行政区划。

该指导意见发布后，全国各省均制订相应方案，进行区域消防安全评估，落实消防安全形势分析评估工作，提升区域消防安全水平，如广东省消防安全形势分析、北京市消防安全评估、上海市消防安全评估等。

2. 其他评估对象

除法定评估对象外，政府部门、社会单位也常采用区域消防安全评估技术对一定区域内的消防安全状况进行分析，以确定相对突出的重点隐患，并有计划、有步骤地制订消防整改计划，提升其消防安全水平，如区域性大型活动消防安全评估、化工园区消防安全评估、校园消防安全评估等。

21.3　评估内容

区域消防安全评估的内容除可包含单体建筑所有的元素外，还可包括区域内的如下元素：

（1）自然条件。

（2）经济发展状况。

（3）产业布局特点。

（4）人口数量、人员组成和布局特点。

（5）已发生的火灾数据。

（6）各类重大火灾危险源，特别是易燃易爆危险品分布地点、存量。

（7）建筑种类、数量及分布特点，包括违章建筑。

（8）各类建筑内消防安全状况。

（9）消防救援力量，即消防队、消防站、微型消防站的设置及其消防装备。

（10）区域消防水源、市政消火栓建设情况。

（11）区域消防道路。

（12）区域消防安全管理。

（13）区域消防应急预案。

（14）社会面消防安全意识。

可以看出，区域消防安全评估内容涵盖面广，不仅包含了建筑内部与消防安全有关的元素，也包含了建筑外的公共消防基础设施、区域消防安全管理等元素。法定评估对象应尽可能全地涵盖消防安全影响因素，以为改造、规划提供翔实的依据。而其他类型的评估对象，其评估内容可按实际需求调整，如化工园区的评估可能不包括社会面消防安全意识、区域性大型活动消防安全评估可不包括产业布局特点等。

区域消防安全评估也可进行专项评估，如只进行消防救援力量评估、只进行社会面消防安全意识评估等。

第22章
步骤流程

22.1 评估目的

对区域进行消防安全评估，是分析区域消防安全状况、查找当前消防工作薄弱环节的有效手段。通过掌握各类场所的数量及基础数据的基础上，建立评估模型，综合分析本区域（行业）火灾危险性状况、城市火灾防范水平、保障建设情况、灭火救援能力等方面数据，得出评估结论。根据不同的火灾风险级别，部署相应的消防救援力量，建设区域消防基础设施，使公众和消防员的生命、财产的预期风险水平与消防安全设施以及火灾和其他应急救援力量的种类和部署达到最佳平衡，为今后一段时期政府明确消防工作发展方向、指导消防事业发展规划提供参考依据。

根据调研资料和风险评估结果，对各类消防安全隐患提出针对性的改进策略；对重点防火单位提出管理制度和消防建设的进一步要求；对消防风险较大的城市区域和行业，提出城市和行业管控措施建议；对城市和行业消防力量建设薄弱区域，提出消防力量的布局策略等。通过深入细致的调研评估，掌握城市火灾风险的基础底数，找准城市火灾防范工作、公共消防基础设施建设、城市灭火救援能力等方面存在的突出问题，提出科学、合理的对策建议，并报各级党委政府一揽子解决，从而达到补齐消防工作短板、破解工作难题的目的。

22.2 评估原则

1. 系统性原则

评估指标应当构成一个完整的体系，即全面地反映所需评价对象的各个方面。为此，应按照安全系统原理来建立指标体系，该指标体系由几个子系统构成，且呈一定的层次结构，每个子系统又可以单独作为一个有机的整体。区域消防安全评估指标体系应力求系统化、理论化、科学化，它所包含的内容应是广泛的，涉及影响城市火灾的各个因素，既包括内部的因素，也包括外部的因素，还包括管理因素。

2. 实用性原则

评估指标必须与评价目的和目标密切相关。开展区域消防安全评估指标体系的研究，是为了更好地指导防火实践，是为实践需求服务的。因此，它既是一个理论问题，又必须时刻把握其实用性。

3. 可操作性原则

构建区域消防安全评估指标体系要有科学的依据和方法，要充分占有资料，并运用科学的研究手段。评估指标体系应具有明确的层次结构，每一个子指标体系应相对独立，建立评估指标体系时需注意风险分级的明确性，以便于操作。

22.3　评估依据

依据以下消防技术法规标准开展现场勘察工作：

- 《中华人民共和国消防法》
- 《突发事件应急预案管理办法》（国办发〔2013〕101 号）
- 《机关、团体、企业、事业单位消防安全管理规定》（公安部令第 61 号）
- 《建设工程消防监督管理规定》（公安部令第 119 号）
- 《消防监督检查规定》（公安部令第 120 号）
- 《火灾高危单位消防安全评估导则（试行）》（公消〔2013〕60 号）
- 《社会消防安全教育培训规定》（公安部第 109 号令）
- 《人员密集场所消防安全管理》XF 654—2006
- 《重大火灾隐患判定方法》GA 653—2006
- 《城市消防站设计规范》GB 51054—2014
- 《城市消防远程监控系统技术规范（附条文说明）》GB 50440—2007
- 《建筑设计防火规范》GB 50016—2014（2018 年版）
- 《消防控制室通用技术要求》GB 25506—2010
- 《建筑内部装修设计防火规范》GB 50222—2017
- 《建筑灭火器配置设计规范》GB 50140—2005
- 《气体灭火系统施工及验收规范》GB 50263—2007
- 《泡沫灭火系统施工及验收规范》GB 50281—2006
- 《火灾自动报警系统设计规范》GB 50116—2013
- 《人民防空工程设计防火规范》GB 50098—2009
- 《民用建筑电气设计标准》GB 51348—2019
- 其他适用于本项目的相关国家规范、法律法规和地方标准
- 国内外权威文献资料

22.4　评估步骤

区域消防安全评估工作包括评估工作准备、确定评估对象、开展分析评估、做出评估结论和形成评估报告等评估步骤，评估步骤（示例）如图 22-1 所示。

1. 评估工作准备

评估工作准备应包括：明确区域消防安全评估的依据、原则、目的和需求；组建评估组；收集消防安全评估需要的相关资料等。

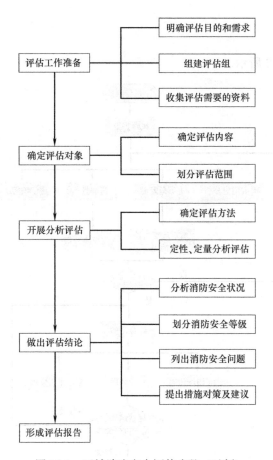

图 22-1　区域消防安全评估步骤（示例）

2. 确定评估对象

依据区域消防安全评估的目的和需求，结合当地风险特征，确定具体的评估对象和内容，并划分评估范围。

3. 开展分析评估

依据有关法律、法规、规章、标准、规范，以资料查阅、实地调研的结果为基础，选择合适的消防安全评估方法，对评估对象的消防安全进行定性、定量分析与评估。

4. 做出评估结论

根据评估对象特点、实地调研和定性、定量分析与评估的结果，描述和分析评估对象的消防安全状况，划分评估对象的消防安全等级，列出评估对象存在的消防安全问题，针对存在的消防安全问题提出对策措施及建议。

5. 形成评估报告

消防安全评估报告是消防安全评估过程的记录，应将评估对象、评估依据、评估过程、选用的评估方法、获得的评估结果、提出的消防安全对策措施及建议等写入报告。

6. 其他评估内容

结合评估目的和被评估范围的火灾风险特点，区域消防安全评估还需考虑其他内容。

22.5　评估流程

评估流程如图 22-2 所示。

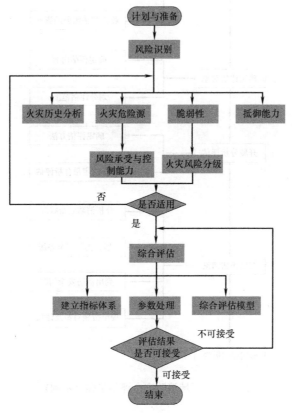

图 22-2　评估流程（示例）

1. 基础数据统计、分析

与消防部门、其他政府部门配合，搜集、汇总基础数据，建立区域消防安全评估相关的基础台账，主要包括：辖区基本情况，区域平面布局，消防力量（消防站和消防点的位置、人员、装备等）配置，消防道路分布，市政消防供水（包括市政消火栓建设情况），消防可用自然水源，建（构）筑物台账（包括位置、名称、类型、规模，重点是消防重点单位、超高层、城市综合体的数量等），历史火灾数据，每年政府投入的消防资金。

2. 建立指标体系

根据区域消防安全评估理念，建立区域消防安全评估指标体系。

3. 建立抽样数据库

结合以往经验，结合各类数据的分布设定科学的抽样比例，确定抽查对象及抽查数量，建立抽样数据库。抽样数据库应涵盖不同类因素、有代表性并满足数量要求，最后编制各类建（构）筑物检查清单，以备现场检查。

4. 现场检查、检测

进行现场检查、检测时，工具需采用相机、测距仪、风速仪、水压测试设备、报警系统测试设备等（根据检测需要选择）。为提高检查效率，使用消防评估专业 APP 软件。

5. 数据汇总、分析

汇总现场检查资料，建立各类因素的特征数据库，以图、表、曲线等形式对结果进行展示，根据指标体系、现场检查情况打分，将所有经排查发现的消防隐患和问题进行收集、整理、分类。

6. 撰写报告，提出针对性建议

撰写报告从评估方法及数据分析入手，分析并确定影响区域消防安全水平的共性因素，给出解决方案，以供消防管理部门研判，最终形成制度化建议。

第**23**章
常用方法

23.1 ALARP[①] 原则

英国区域火灾风险评估以评估人员个人风险和社会风险指标为基础，结合财产风险、环境风险和历史遗产风险进行综合风险优化平衡，根据合理可接受风险 ALARP 原则划分为广泛可接受风险区、可接受风险区和不可接受风险区。管佳林等人提出，在区域消防安全评估结果中，对火灾高危区域的消防安全评估结果可划分为Ⅰ、Ⅱ、Ⅲ、Ⅳ、Ⅴ五个等级，分别对应于极度危险区间、高危险区间、中等危险区间、轻度危险区间和安全区间，极度危险区间、高危险区间对应的风险水平处于不可接受程度，如图 23-1 所示。根据风险评估的结果，辨识出消防工作中的薄弱环节，确定火灾风险是否处于可接受程度，并针对性地提出消防安全加强措施，这对于火灾高危区域的消防安全管理工作具有重要意义。

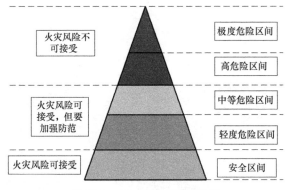

图 23-1　ALARP 原则区间图

23.2 灭火分级制 (FSRS)

美国国家火灾事务所采用灭火分级制（FSRS）开展区域灭火能力评估，并基于消防给水流量进行风险分析。1866 年，美国国家火灾保险商委员会（NBFU）为了提高城市防火和公共消防水平，在评估了许多城市的火灾风险后，开发了城市检查和等级系统。现

---

① ALARP 是 As Low As Reasonable Practice（在合理可行的范围内尽量低）的英文缩写。

行的"灭火分级制（FSRS）"就是由此演变而来，是美国保险事务所在评估单个区域灭火能力时使用的手册。

在现行的"灭火分级制"中，通过建立建筑物所需消防给水流量的计算公式 $NFF_i = C_iO_i(X+P)_i$，给出了一种火灾风险的分析方法。考虑的风险因素有建筑（C_i）、建筑用途（O_i）、暴露（X_i）和每个选定的建筑间的连接因数（P_i）或者防火分隔。这些风险因素由建筑结构、建筑有效面积、建筑内物质的可燃性、受影响建筑物外围护墙体的结构、距暴露建筑物的距离、暴露建筑物外围护墙体的长/高值、暴露建筑物外围护墙体的耐火极限、开口保护形式、防火分隔的结构和连接长度等子因素确定。该方法分别给出了各子因素的分值，通过打分和计算，确定建筑物所需的消防给水给水流量。然后，经过对比和分析区域内各种建筑物所需的消防给水流量值，选出一个有代表性的作为区域消防给水流量值，再根据该值确定区域的消防车数量、消防泵类型和消防装备数量等。另外，美国国家消防科学院和美国消防协会也根据各自的研究成果，在计算消防给水流量时确定了风险的分析方法。

23.3　风险、危害和经济价值评估方法

美国消防局于 2001 年 11 月 19 日发布了该方案，这是一个计算机软件系统，包含了多种表格、公式、数据库、数据分析方法，主要用于采集相关的信息和数据，以确定和评估辖区内火灾及相关风险情况，供地方公共安全政策决策者使用。这有助于消防机构和辖区决策者针对其消防及应急救援部门的需求作出客观、可量化的决策，更加充分地体现了把消防力量部署与社区火灾风险相结合的原则。

该方法的要点集中于以下两个方面。

1. 各种建筑场所火灾隐患评估

其目的是收集各种数据元素，这些数据能够通过高度认可的量度方法，以便提供客观的、定量的决策指导。其中的分值分配系统共包括 5 类数据元素：建筑设施、建筑物、生命安全、供水需求和经济价值。

2. 社区人口统计信息

用于辖区年度收集的相关数据元素包括居住人口、年均火灾损失总值、每 1000 人口中的消防员数目等。

该方法已在一些消防局的救援响应规划中得到应用。以苏福尔斯消防局为例，它利用该方法把其社区风险定义为高、中、低三类区域，进而再考察这些区域的火灾风险可能性和后果。高风险区域包括风险可能性和后果都很大的以及可能性低、后果大的区域，主要指人员密集的场所和经济利益较大的场所；中等风险区域是风险可能性大、后果小的区域，如居住区；低风险区域是风险可能性和后果都较低的区域，如绿地、水域等。然后，再把这些在消防救援响应规划中体现出来。

23.4　城市等级法

20 世纪 80 年代，日本对所有城市进行城市火灾风险评估并划分城市等级，从城市防

灾的角度加强行政管理，已经形成了一种制度。城市火灾危险度的表示方法主要采用城市等级法，除此之外，还有横井法、菱田法、数研法和东京都法。城市等级法是日本在采纳了美国国家火灾保险商委员会（NBFU）制定的"城市消防情况和物质条件分级表"的基础上，修改并用于消防领域。

城市等级法是指从城市、市街地（确定城市等级的评估区域）、地区（计算时的基础单位）的气象条件、木结构建筑物的种类以及结构状况、通信设施、消防体制方面考虑，对木结构建筑物的延烧采用火灾工程学的方法，对通信和灭火采用统计方法，定量计算市街地内木结构建筑物每年预计的燃烧损失量，并根据计算量大小确定城市等级，表示城市潜在的火灾危险程度。

城市等级法评估的基本过程如下所示：

1. 为便于评估和计算，根据不同情况规定了计算标准

计算标准包括：划分评估区域、设定假想着火点、确定注水时间（由报警时间、准备出发时间、行程时间、水带延长时间组成）、平均风速、风力和频率、小火和大火的烧损面积、消防车的枪口数和每个枪口所包围的火焰长度、注水开始时间与烧损面积的关系、注水开始时间与火焰面周长的关系、注水开始时间与延烧距离的关系。

2. 根据公式和图表计算烧损率

计算地区内非小火的烧损面积、市街地非小火的烧损面积、市街地每年预想的烧损面积和预想的烧损率。

3. 确定城市等级

根据所计算出的预想烧损率确定城市等级，共分为 10 级。该方法计算的烧损面积主要针对木结构建筑，通过计算市街地的非小火部分的烧损面积、大火部分的烧损面积和小火部分的烧损面积之和，计算出预想的烧损率，用烧损率量化城市的火灾风险。不同的烧损率对应不同的城市等级，烧损率越低，表示城市等级越高，火灾风险越小。该方法通过分析统计数据和经验判断，得出了大量用于评估的计算公式和图表。

23.5　综合指数法

综合指数法是指将多个不同性质、不同类别、不同水平、不同计量单位的指标综合成一个无计量单位，但能反映事物相对水平的综合指标后，进行综合比较、分析的一种综合评价方法。

区域消防安全评估综合指数法通过构建区域消防安全评估指标体系，从与区域消防安全密切相关的各个方面入手，根据事故危险源、安全人机学原理和事故危险性的研究分析，结合国内外相关文献资料，分析并确定指标体系的分类和识别方法。通过引入定量化的数据指标，全面评价区域消防安全水平，找出影响和制约消防事业发展的瓶颈性问题，从而明确加强和改进消防工作的努力方向，为下一步消防规划的开展提出科学依据和数据支撑。其计算原理与层次分析法类似，区别在于消防评估结果转化成一个综合指数，以准确地评价消防安全工作的综合水平。

区域消防安全评价指标体系尚无统一标准体系，通常以层次分析法为基础进行集值统计分析，得到各项评价要素的权重，利用邻域分析、空间叠加、分析等多种技术手段，直观呈现出区域消防安全的薄弱环节，从而实现定量评估结果的空间可读性，为提高风险管理的准确性提供了重要保障。

第24章
技术路线

区域消防安全评估技术路线（示例）如图 24-1 所示，其中编制检查表、编制软件和岗前培训是为解决评估工作量大、检查内容多等特点而设置的有针对性的措施。

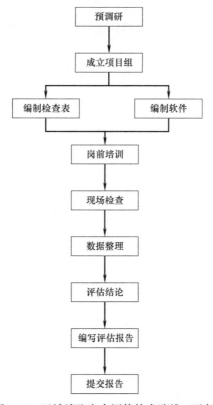

图 24-1　区域消防安全评估技术路线（示例）

图 24-1 所示的技术路线各部分的详细工作内容见表 24-1。

技术路线工作内容（示例）   表 24-1

序号	技术路线	工作内容
1	预调研	组织专业人员对评估区域进行预调研,了解工作对象的情况,结合工作任务预估工作量,细化工作条件
2	成立项目组	根据各类对象特点、工作量成立项目组,项目组由项目负责人统一管理,总工监督,项目助理协助,检查小组落实检查任务

续表

序号	技术路线	工作内容
3	拟引进信息化技术提高工作效率	编制和开发现场调研和评估软件、调研和评估数据自动处理程序,提高现场检查和数据处理效率
4	编制检查表	梳理、消化检查内容和相关标准,整理成现场检查表和打分细则,以供现场检查时的信息采集和打分之用
5	岗前培训	进驻现场前对技术人员进行岗前培训
6	现场检查	对区域典型的火灾隐患高危单位进行现场检查、打分
7	数据整理	(1)通过现场检查取得各类对象的评估过程资料文件,每天由专人对各组资料汇总整理; (2)现场检查完毕后,将数据汇总,由专人或使用专业软件对所有数据进行处理、汇总
8	撰写报告	(1)采用区域消防安全评估指标体系对各类对象进行评估,撰写区域各类对象消防安全评估报告; (2)对区域整体的火灾隐患风险进行评估,编制整体报告

24.1　预调研

根据区域消防安全评估的工作内容,对区域的消防安全情况进行初步调研,同时通过与区域消防监督管理等有关部门进行沟通、现场初步勘察等方式,确定风险评估对象,这部分工作的目的在于:

(1) 了解区域消防安全形势,明确消防安全隐患中的突出问题。

(2) 对消防安全隐患问题突出的对象进行分类。

(3) 在各类对象中选择适当的比例作为评估对象。

24.2　建立评估体系

火灾的发生、发展和防治规律,不同于一般科学技术,它既不具有完全的确定性,又不是完全随机的,而是兼有确定性和随机性的双重特性。不仅其发生如此,火灾蔓延及其所造成的损失也同样如此,这是因为影响火灾的因素非常复杂,既有火灾本身的自然规律,又有经济社会的发展不断发生变化的影响,但可依据其规律对火灾风险进行预估、评价,以对建筑设计和消防工作进行指导。区域消防安全评估是对目标对象可能面临的火灾危险、被保护对象的脆弱性、控制风险措施的有效性、风险后果的严重程度以及上述各因素综合作用下的消防安全性能进行评估的过程。而按建筑所处状态不同,区域消防安全评估可分为预先评估和现状评估两类。

在区域消防安全评估指标中,有些指标本身是定量的,可以用一定的数值来表示;有些指标则具有不确定性,无法用一个数值来准确地度量。因此,根据区域消防安全评估指标的处理方式,风险评估可以分为定性评估、半定量评估和定量评估。定性评估是依靠人的观察分析能力,借助经验和判断能力进行的评估。在风险评估过程中,无须将不确定性指标转化为确定的数值进行度量,只需进行定性比较。常用的定性评估方法有安全检查表。半定量评估是在风险量化的基础上进行的评估。在评估过程中需要通过数学方法，将不确定的定性指标转化为量化的数值。由于其评估指标可进行一定程度的量化，因而能够比较准确地描述区域消防的风险。定量评估是在评估过程中所涉及的参数均已经通过试验、测试、统计等各种方法实现了完全量化的评估，且其量化数值可被业界公认。其评估指标可完全量化，因而评估结果更为精确。

24.3 编制检查表

区域消防安全评估可能将对所有类别的检查对象进行消防安全评估，如区域范围较大，评估工作就较多，为提高现场勘察效率，提高评估质量，需制作现场勘察检查表，制作流程如下：

1. 确定系统

确定系统即确定所要检查的对象。检查的对象可大可小，可以是某一工序、某个工作地点、某一具体设备等。

2. 找出危险点

这一部分是编制安全检查表的关键，因为安全检查表内的项目、内容都是针对危险因素而提出的，所以找出系统的危险点至关重要。在找危险点时，可采用系统安全分析法、经验法等方法分析寻找。

3. 确定项目与内容，编制成表

根据找出的危险点，对照有关制度、标准法规、安全要求等分类确定项目，并做出其内容，按安全检查表的格式制成表格。

4. 检查应用

现场勘察时，根据检查表要点中所提出的内容逐个地进行核对并做出相应回答。

5. 反馈

由于在安全检查表的编制中可能存在某些考虑不周的地方，所以在检查和应用的过程中，若发现问题，应及时汇报、反馈，进行补充完善。

24.4 评估软件开发应用

1. 开发目标

通过利用当前先进技术，结合区域消防安全评估的实际情况，开发区域消防安全评估现场检查 APP、PC 端数据后处理软件，提高区域消防安全评估现场检查效率、后期数据整理效率，进而提高区域消防安全评估的整体效率。

2. 需求分析

针对区域消防安全评估工作的上述目标，开发移动端（手机或 iPad）、PC 端两个系统。

（1）移动端功能

1）将既有的检查表软件化，并导入现场检查移动端中。

2）现场评估时，建立评估项目后，在检查打分表中进行数据采集（主要是在表格中填写数字、拍照）。

3）各项数据采集完成后，后台自动计算得分（提供算法）。

4）打分表中有专门的一列用于拍照留存现场情况，软件应自动存储至指定的目录下。

5）单个评估项目完成后，评估结果表、照片应归于同一目录下，照片按评估项归类。

6）对多个评估对象的评估结果（包括表格、得分、照片）进行统一管理，方便拷贝、导出。

（2）PC端功能

1）将移动端的评估资料拷贝至 PC 端特定文件夹后，PC 端软件可对 n 个评估文档进行批处理。

2）能形成 word 版评估报告。

3. 需求总体功能/对象结构

区域消防安全评估系统的主要功能包括：现场检查拍照客户端、自动打分系统、检查数据管理系统。通过这 3 个功能的实现，提升区域消防安全评估效率。系统的功能结构如图 24-2 所示。

在该系统中，移动端主要负责检查信息采集，临时存储或即时上传；PC 端负责数据汇总、得分计算。

移动平台基于智能移动 Android 终端，软件设计为 APP 的形式，功能包括用户登录、新建单体评估对象、单体评估对象类型选择、检查拍照、检查单生成、检查单上传、隐患拍照等。如图 24-3 所示。

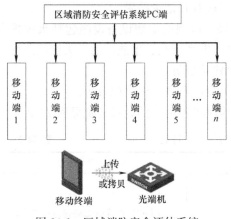

图 24-2 区域消防安全评估系统功能结构图（示例 1）

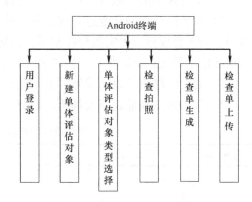

图 24-3 区域消防安全评估系统功能结构图（示例 2）

24.5 进行现场评估

现场勘察是区域消防安全评估的重要工作内容，也是占用时间较多、占用人力最大的部分，为提高勘察效率，需明确资料收集和现场检查两大项工作方法。

1. 资料收集

收集区域相关评估对象的消防安全评估资料，主要包括以下方面：

（1）评估对象的功能；

（2）可燃物；

（3）周边环境情况；

（4）消防设计图样；

（5）消防设备相关资料；

（6）火灾应急救援预案；

（7）消防安全规章制度；

（8）相关的电气检测报告和消防设施与器材检测报告。

2. 现场检查

现场检查是开展区域消防安全评估工作所必需的基础环节。只有充分、全面地把握评估对象所面临的火灾风险的来源，才能完整、准确地对各类火灾风险进行分析、评判，进而采取针对性的火灾风险控制措施，确保将评估对象的火灾风险控制在可接受的范围之内。针对区域消防安全评估中既有建筑的情况，现场检查时主要采用拍照、目测、尺量、消防设施专业检测（必要的情况下）等方法，详细如下：

（1）使用专业仪器设备对距离、宽度、长度、面积、厚度、压力等可测量的指标进行现场抽样测量，通过与规范对比，判断其设置的合理性。

（2）对个体建筑的防火间距、消防车道的设置、安全出口、疏散楼梯的形式和数量等涉及消防安全的项目进行现场检查，通过与规范的对比判断其设置的合理性。

（3）对消防设备设施进行检查和必要的功能测试，可能包括以下内容：

1）对建筑消防设施等外观、质量进行现场抽样查看并记录结果。

2）对消防设施的功能进行现场测试并记录结果。检测的消防设备设施包括火灾探测器和手动报警按钮、火灾报警控制器、消防控制盘、电话插孔、事故广播、火灾应急照明和疏散指示系统、消防水泵、自动灭火系统、消火栓系统等。

3）必要时联系各设备设施厂家，让其提供相关设施参数、维修记录等。

4）针对重点高危建筑及场所，消防设施设备检测项及可能的处置措施见表24-2。

消防设施设备检测项及处置措施一览表   表 24-2

检测对象	检测内容	主要检测方法	可能的处置方案
消防水源	（1）消防水池的设置（位置、数量、容量、材质、使用年限、构造、外观质量等）； （2）吸水管及出水管的设置（两条/一条、管径、阀门设置等）； （3）消防水泵的设置（水量、扬程、备用情况）； （4）供水管道的设置（环状/枝状、材质、管径、阀门设置、使用年限、是否锈蚀、承压能力等） （5）可用于消防的自然水源（水质、水量、取水条件等）	（1）目测； （2）尺量； （3）现场拍摄照片； （4）进行试运行试验； （5）进行水压试验； （6）管网泄露情况检查方法：视频拍摄，采用压力表、计时器测试数据，绘制水压随时间衰减的曲线，以视频＋定时照片的形式给出泄漏情况	（1）市政供水管网无法确定是否为环状时，与水利局联系、核实； （2）需两路供水但现场为一路供水时，提出管网改造方案或增设消防水池； （3）既有消防水池不满足规范要求的，进行改造； （4）供水管道设置不满足要求的，给出改造措施；质量无法满足使用要求的，进行更换； （5）消防水泵不满足设计要求的，给出解决方案

检测对象	检测内容	主要检测方法	可能的处置方案
室外消火栓	(1)外观检查(是否有锈蚀和机械性损伤、系统组件是否缺失、是否泄漏等); (2)消火栓形式、接口型号; (3)室外消火栓:检查保温措施,室内消火栓:检查消火栓箱的设置、外观及内部组件; (4)检查消火栓的设置位置,测量消火栓间距; (5)工作状态下的静压、动压、充实水柱长度	(1)目测; (2)尺量; (3)喷水试验; (4)现场拍摄照片	(1)组件缺失的,应重新配置; (2)外观严重损害的,应进行维修或更换; (3)设置方案不满足要求的,给出解决方案; (4)静压、动压和充实水柱长度不满足要求的,给出解决方案
室内消火栓	(1)外观检查(是否有锈蚀和机械性损伤、系统组件是否缺失、是否泄漏等); (2)消火栓形式、接口型号; (3)室外消火栓:检查保温措施,室内消火栓:检查消火栓箱的设置、外观及内部组件; (4)检查消火栓的设置位置,测量消火栓间距; (5)工作状态下的静压、动压、充实水柱长度	(1)目测; (2)尺量; (3)喷水试验; (4)现场拍摄照片	(1)组件缺失的,应重新配置; (2)外观严重损害的,应进行维修或更换; (3)设置方案不满足要求的,给出解决方案; (4)静压、动压和充实水柱长度不满足要求的,给出解决方案
报警控制器	(1)设置位置是否合理; (2)外观检查(型号、系统模块是否缺失和工作正常、控制开关是否可正常操作等); (3)功能检查(能否接收报警信号并报警); (4)消防供配电情况	(1)目测; (2)尺量; (3)功能性试验; (4)现场拍摄照片; (5)可靠性能检测方法:根据历史误报记录数据绘制探测器、手报误报起数—时间曲线,根据曲线判定系统的可靠性; (6)系统修复性价比判断:通过近几年维修数据绘制维修费用—时间曲线判断系统修复性价比。此外,还应整理近年来系统崩溃、瘫痪、错乱的照片和数据记录,雷击后的现场照片等,对其进行说明	(1)设置位置不合理的,应进行改造; (2)设备损坏或不能正常工作的,应进行维修; (3)因产品老化、使用年限到期、产品代级差别无法满足使用需求的(新产品无法对其兼容且市场上无类似可兼容的产品的),应重新配置主机; (4)旧设备无法满足增容要求,且按评估结论确需增加报警点位的,应更换设备
联动控制器	(1)设置位置是否合理; (2)外观检查(型号、系统模块是否缺失和工作正常、控制开关是否可正常操作等); (3)功能检查(能否接收报警信号并报警); (4)消防供配电情况	(1)目测; (2)尺量; (3)功能性试验; (4)现场拍摄照片; (5)可靠性能检测方法:根据历史误报数据绘制探测器、手报误报起数—时间曲线,根据曲线判定系统的可靠性; (6)系统修复性价比判断:通过近几年维修数据绘制维修费用—时间曲线判断系统修复性价比。此外,还应整理近年来系统崩溃、瘫痪、错乱的照片和数据记录,雷击后的现场照片等,对其进行说明	(1)设置位置不合理的,应进行改造; (2)设备损坏或不能正常工作的,应进行维修; (3)因产品老化、使用年限到期、产品代级差别无法满足使用需求的(新产品无法对其兼容且市场上无类似可兼容的产品的),应重新配置主机; (4)旧设备无法满足增容要求,且按评估结论确需增加报警点位的,应更换设备

检测对象	检测内容	主要检测方法	可能的处置方案
点型火灾探测器（感烟/感温）	(1)外观检查(型号、系统模块是否缺失和工作正常、控制开关是否可正常操作等); (2)设置位置是否合理; (3)功能检查(能否发出报警信号); (4)消防供配电情况	(1)目测; (2)尺量; (3)功能性试验; (4)现场拍摄照片; (5)功能测试方法:局部设置烟源/火源/热源,查看报警控制器能否接收到报警信号; (6)误报率的统计方法: ①统计一定时间内的误报次数,分析能否满足规范允许的误报率要求; ②接口模块的故障率、损坏程度统计是以月为单位统计近几年的故障数据,绘制故障起数一月份曲线,分析系统运行情况	(1)探测器类型与场所不匹配的,应进行改造; (2)探测器设置不符合要求的,应进行改造; (3)探测器误报率不满足规范要求的,应进行维修或更换; (4)接口模块故障率、损坏程度不满足系统需求的,应进行维修或更换
线性火灾探测器（红外对射）	(1)外观检查(型号、系统模块是否缺失和工作正常、控制开关是否可正常操作等); (2)设置位置是否合理; (3)功能检查(能否发出报警信号); (4)消防供配电情况	(1)目测; (2)尺量; (3)功能性试验; (4)现场拍摄照片; (5)功能测试方法:局部设置烟源/火源/热源,查看报警控制器能否接收到报警信号; (6)误报率的统计方法: ①统计一定时间内的误报次数,分析能否满足规范允许的误报率要求; ②接口模块的故障率、损坏程度统计是以月为单位统计近几年的故障数据,绘制故障起数一月份曲线,分析系统运行情况	(1)探测器类型与场所不匹配的,应进行改造; (2)探测器设置不符合要求的,应进行改造; (3)探测器误报率不满足规范要求的,应进行维修或更换; (4)接口模块故障率、损坏程度不满足系统需求的,应进行维修或更换
火焰探测器（紫外）	(1)外观检查(型号、系统模块是否缺失和工作正常、控制开关是否可正常操作等); (2)设置位置是否合理; (3)功能检查(能否发出报警信号); (4)消防供配电情况	(1)目测; (2)尺量; (3)功能性试验; (4)现场拍摄照片; (5)功能测试方法:局部设置烟源/火源/热源,查看报警控制器能否接收到报警信号; (6)误报率的统计方法: ①统计一定时间内的误报次数,分析能否满足规范允许的误报率要求; ②接口模块的故障率、损坏程度统计是以月为单位统计近几年的故障数据,绘制故障起数一月份曲线,分析系统运行情况	(1)探测器类型与场所不匹配的,应进行改造; (2)探测器设置不符合要求的,应进行改造; (3)探测器误报率不满足规范要求的,应进行维修或更换; (4)接口模块故障率、损坏程度不满足系统需求的,应进行维修或更换

检测对象	检测内容	主要检测方法	可能的处置方案
温度缆式线型感温火灾探测器	(1)外观检查(型号、系统模块是否缺失和工作正常,控制开关是否可正常操作等); (2)设置位置是否合理; (3)功能检查(能否发出报警信号); (4)消防供配电情况	(1)目测; (2)尺量; (3)功能性试验; (4)现场拍摄照片; (5)功能测试方法:局部设置烟源/火源/热源,查看报警控制器能否接收到报警信号; (6)误报率的统计方法: ①统计一定时间内的误报次数,分析能否满足规范允许的误报率要求; ②接口模块的故障率、损坏程度统计,以月为单位统计近几年的故障数据,绘制故障起数—月份曲线,分析系统运行情况	(1)探测器类型与场所不匹配的,应进行改造; (2)探测器设置不符合要求的,应进行改造; (3)探测器误报率不满足规范要求的,应进行维修或更换; (4)接口模块故障率、损坏程度不满足系统需求的,应进行维修或更换
气体灭火	(1)外观检查(组件是否有缺失、是否有锈蚀和机械性损伤,系统启动指示灯设置是否合理等); (2)功能检查(排烟阀功能、系统启动功能); (3)消防供配电情况	(1)目测; (2)尺量; (3)联动启动试验、手动启动试验; (4)现场拍摄照片	(1)组件缺失的,应重新配置; (2)外观严重损害的,应进行维修或更换; (3)消防电源不符合要求的,应进行改造; (4)电气线路老化、破损的,应进行更换
灭火器	(1)设置位置是否合理; (2)灭火器箱检查(外观、材质、是否被遮挡等); (3)灭火器选型是否合理; (4)外观检查(是否有制造缺陷和机械性损伤,是否有锈蚀和变形、出厂年限和维修记录等)	(1)目测; (2)尺量; (3)现场拍摄照片	(1)有外观损坏、组件缺失的,应进行维修; (2)有到期需进行维修检测的,应返厂维修; (3)到达使用年限需淘汰的,应置换新的灭火器; (4)灭火器箱不符合要求的,应进行维修或更换
应急照明系统	(1)设置情况; (2)应急启动时间; (3)消防供配电情况	(1)目测; (2)尺量; (3)应急启动试验、手动启动试验; (4)现场拍摄照片	(1)组件缺失的,应重新配置; (2)外观严重损害的,应进行维修或更换; (3)消防电源不符合要求的,应进行改造; (4)电气线路老化、破损的,应进行更换
疏散指示标志	(1)设置情况; (2)应急启动时间; (3)消防供配电情况	(1)目测; (2)尺量; (3)应急启动试验、手动启动试验; (4)现场拍摄照片	(1)组件缺失的,应重新配置; (2)外观严重损害的,应进行维修或更换; (3)消防电源不符合要求的,应进行改造; (4)电气线路老化、破损的,应进行更换

续表

检测对象	检测内容	主要检测方法	可能的处置方案
防排烟系统	(1)外观检查(组件是否有缺失、是否有锈蚀和机械性损伤,排烟管道和排烟口的设置位置是否合理等); (2)功能检查(排烟阀功能、系统启动功能); (3)消防供配电情况	(1)目测; (2)尺量; (3)联动启动试验、手动启动试验; (4)现场拍摄照片	(1)组件缺失的,应重新配置; (2)外观严重损害的,应进行维修或更换; (3)消防电源不符合要求的,应进行改造; (4)电气线路老化、破损的,应进行更换; (5)排烟阀失效的,应进行维修、更换
说明	(1)对于损坏、不能正常工作的设施设备,应分析造成其损坏或不能正常工作的原因; (2)必要时请招标人协助投标人联系设备厂家提供相关设施设备的维修记录、功能参数及报废年限等数据,以进一步进行分析		

24.6　评估数据整理分析

根据区域消防安全检查对象的特点,确定区域消防安全评估的具体模式、采用的具体评估方法,并尽可能采用定量的区域消防安全评估方法或定性与定量相结合的综合性评估方法,进行分析和评估。

第25章
指标体系

25.1　指标体系构建原则

城市消防安全评估指标体系的建立，要讲究完备性、典型性、科学性、实用性和可比性。定量分析不可能做到面面俱到，指标定得太多、太细，在统计上难以操作，同时，指标之间容易重复涵括，操作性较差；如指标定得太少，容易导致指标分析不完整，忽略部分重要的指标因子，导致消防安全评估依据不充分、结果不准确，缺乏信服力。因此，在指标体系建立之初务必科学研究，缜密织网。

1. 完备性

指标选取构成的评估体系应当涵盖广泛，在结构内容上保持完整，尽量包含所有影响因素，在广度上做到全面反映城市消防安全的现状情况。

2. 典型性

指标选取既要保持指标体系的完整性，也应具有一定的代表性，能起到以点带面的作用；应区分主次，能确保关键因素被纳入，在深度上做到深刻反映影响城市消防安全的内在联系。

3. 科学性

指标体系应当是理论系统、科学合理、真实客观。指标体系的设置要反映评价对象的真实情况，同时要充分考虑体系各构成部分之间的互相联系，在指标体系建立之初统筹指标名称含义和计算方法。

4. 实用性

指标体系应当实用化，对于指标应当删繁就简，内容简明扼要，减少评估分析中不必要的工作量，评估指标内容分析应能为实践需求服务，能指导消防工作。

5. 可比性

评估指标应当具备普适性，可基本应用于不同城市的消防安全评估，实现对不同城市的量化比较分析，并可直观衡量出指标相互间的风险高低。

25.2　指标体系构建举例

城市区域消防安全评估的核心内容是确定评估指标体系。构建合理的评估指标体系是科学、深入进行城市区域消防安全评估研究的保证，也是推动消防工作稳步前进的需要，所以无论是从发展火灾科学理论还是开展实际工作来看，都需要建立一套科学实用的指标体系。下面，本书将从相关标准规范和工程案例应用两个方面介绍指标体系的建立分析情况，以供参考。

25.2.1　国家标准《城镇区域消防安全评估》

为了适应国家发展需要，社会越来越重视消防安全。为切合当前消防工作发展的现实需求，准确评估预测和有效控制城镇区域的火灾风险，国家相关部门批准上海消防研究所起草推荐性国家标准《城镇区域消防安全评估》（以下简称《标准》），并于 2018 年 1 月发布了征求意见稿。

参考国内外相关标准规范、应用研究现状和实地调研的具体情况，《标准》提出城镇区域消防安全评估应涵盖区域发展程度、区域风险特征、公共消防基础设施、灭火救援能力、社会消防安全管理五个方面内容。

1. 区域发展程度

区域发展程度主要反映被评估区域的基本特点、社会发展和经济建设等宏观发展状况，主要包括：人口规模和结构、经济状况、建筑状况和用地分布。

2. 区域风险特征

区域风险特征主要反映被评估区域内存在的典型风险源状况以及历史火灾统计数据表征出来的风险，主要包括：当地地理和气候特点，消防安全重点单位、火灾高危单位、重大火灾隐患等的具体分布情况，典型高风险场所分布及风险，历史火灾统计数据。

3. 公共消防基础设施

公共消防基础设施主要反映被评估区域内保障消防安全的基础设施建设情况，主要包括：消防规划的编制和实施、消防站、消防通信、消防供水、消防车通道和应急疏散。

4. 灭火救援能力

灭火救援能力主要反映被评估区域的消防安全保障能力及灾害应急处置机能，主要包括：消防力量体系、灭火救援预案、消防装备、灭火救援响应时间和灭火救援应急联动。

5. 社会消防安全管理

社会消防安全管理主要反映被评估区域的消防安全管理水平，主要包括：消防法制建设、消防宣传教育培训、消防经费投入、社会消防力量和单位自主管理。

25.2.2　工程案例

为响应国家相关政策，各省市政府部门针对本地区的消防工作特点，开展了基于区域整体消防安全形势的分析研判和综合评估。本书以国内某一线城市为例，详细介绍了城市区域消防安全评估指标体系的建立分析过程，以供参考。

1. 指标体系构建

通过对城市消防安全进行科学理论分析，同时结合以往工程经验，构建了由城市火灾危险性状况、社会保障能力、灭火救援能力和城市火灾防范水平四个方面组成的城市区域消防安全评估体系模型。该评估模型共包含 4 个二级指标，10 个三级指标，42 个四级指标，具体见表 25-1 和图 25-1。

城市区域消防安全评估体系　　　　　　表 25-1

二级指标	三级指标	四级指标
城市火灾危险性状况	高风险场所安全水平	中心城区
		易燃易爆危险品场所
		人员密集场所
		高层建筑及大型城市商业综合体
		地下空间(不含地铁)
		老旧城区和城中村
		大型商场及大型批发市场
		大跨度仓储物流建筑
		轨道交通场站
		文物古建单位
	火灾人为原因历史数据	电气火灾
		用火不慎
		放火致灾
		吸烟不慎
	城市基础信息	建筑密度
		人口密度
		经济密度
		高速公路路网密度
		轨道交通密度
		重点保护单位密度
社会保障能力	社会保障能力	消防安全经费投入情况
		消防车辆配备情况
		消防装备配备情况
		战勤保障站建设
		训练基地建设
灭火救援能力	灭火救援力量	消防站点布置
		消防车道
		消防供水能力
		通信指挥调度能力
		消防应急预案制定情况
		消防科技(智慧消防)
城市火灾防范水平	火灾防控水平	万人火灾发生率
		十万人火灾死亡率
		亿元 GDP 火灾损失率
	火灾预警能力	消防远程监测覆盖率
		微型消防站覆盖率

二级指标	三级指标	四级指标
城市火灾防范水平	公众消防安全感和满意度	公众消防安全感
		公众对消防部门工作满意度
	消防管理	消防安全责任制落实
		消防规划编制情况
		重大隐患整改情况
	消防宣传教育	社会消防宣传力度

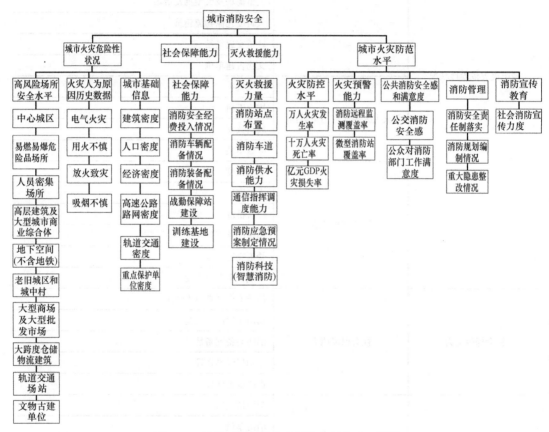

图 25-1　城市区域消防安全评估指标体系一览图

2. 指标权重确定

目前，国内外常用评估指标权重的方法主要有专家打分法（即 Delphi 法）、集值统计迭代法、层次分析法、模糊集值统计法等。本书采用专家打分法确定指标权重，这种方法是分别向若干（一般以 10～15 名为宜）专家咨询并征求意见来确定各评估指标的权重系数。

设第 j 个专家针对某一指标体系给出的各指标权重系数为$(\lambda_{1j}, \lambda_{2j}, \cdots, \lambda_{ij}, \cdots, \lambda_{mj})$

若其平方和误差在其允许误差 ε 范围内，即

$$\max_{1 \leqslant j \leqslant n} \left[\sum_{i=1}^{m} \left(\lambda_{ij} - \frac{1}{n} \sum_{j=1}^{n} \lambda_{ij} \right)^2 \right] \leqslant \varepsilon$$

则

$$\overline{\lambda} = \left(\frac{1}{n} \sum_{j=1}^{n} \lambda_{1j}, \cdots, \frac{1}{n} \sum_{j=1}^{n} \lambda_{ij}, \cdots, \frac{1}{n} \sum_{j=1}^{n} \lambda_{mj} \right)$$

$\overline{\lambda}$ 为满意的权重系数集；否则，对一些偏差大的 λ_i 再征求有关专家意见进行修改，直到满意为止。

通过专家打分法，计算得出各指标权重，见表25-2。

城市区域消防安全评估指标权重分布一览表　　　　　　　　　　　　表25-2

一级指标	一级指标权重	二级指标	二级指标权重	三级指标	三级指标权重
城市火灾危险性状况	0.29	高风险场所安全水平	0.5	中心城区	0.10
				易燃易爆危险品场所	0.12
				人员密集场所	0.12
				高层建筑及大型城市商业综合体	0.15
				地下空间(不含地铁)	0.10
				老旧城区和城中村	0.15
				大型商场及大型批发市场	0.05
				大跨度仓储物流建筑	0.08
				轨道交通场站	0.08
				文物古建单位	0.05
		火灾人为原因历史数据	0.3	电气火灾	0.36
				用火不慎	0.30
				放火致灾	0.14
				吸烟不慎	0.20
		城市基础信息	0.2	建筑密度	0.20
				人口密度	0.186
				经济密度	0.20
				高速公路网密度	0.107
				轨道交通密度	0.107
				重点保护单位密度	0.20
社会保障能力	0.21	社会保障能力	1.0	消防安全经费投入情况	0.30
				消防车辆配备情况	0.30
				消防装备配备情况	0.20
				战勤保障站建设	0.10
				训练基地建设	0.10
灭火救援能力	0.21	灭火救援力量	1.0	消防站点布置	0.20
				消防车道	0.20
				消防供水能力	0.21
				通信指挥调度能力	0.20
				消防应急预案制定情况	0.09
				消防科技(智慧消防)	0.10

续表

一级指标	一级指标权重	二级指标	二级指标权重	三级指标	三级指标权重
城市火灾防范水平	0.29	火灾防控水平	0.2	万人火灾发生率	0.30
				十万人火灾死亡率	0.40
				亿元 GDP 火灾损失率	0.30
		火灾预警能力	0.2	消防远程监测覆盖率	0.50
				微型消防站覆盖率	0.50
		公众消防安全感和满意度	0.2	公众消防安全感	0.50
				公众对消防部门工作满意度	0.50
		消防管理	0.2	消防安全责任制落实	0.40
				消防规划编制情况	0.30
				重大隐患整改情况	0.30
		消防宣传教育	0.2	社会消防宣传力度	1.00

3. 各级风险值的计算

（1）评分判定基准

根据各指标评分方式的不同，体系指标分为以下两类。

1）单体评估得分指标

单体评估指标主要指高风险场所指标，包括重点单位场所与区域火灾隐患两类指标。对于政府部门和民众普遍关注的高风险场所消防安全防控水平的评估，应进行实地调研，通过单体建筑消防安全评估方法，对建筑防火、消防设施、消防安全管理等方面进行消防安全评估，分析其客观火灾风险与"主观"防控工作成效，再将其纳入城市整体评估体系的评分中，达到局部与整体兼顾的效果，实现微观建筑评估与宏观城市评估的有机结合。

例如，对于小型商贸市场，"三小"场所，群租楼等简单场所，可采用样本量抽样法和安全检查表法评估其风险等级；对于易燃易爆危险品场所，可采用道化学火灾、爆炸危险指数评价法等确定其火灾、爆炸危险性；对于一般单位，可使用对照规范评价法，依据《建筑设计防火规范》GB 50016—2014（2018 年版）等现行规范，逐项进行检查评价；对于大型商业综合体、城中村等复杂场所区域，则可采用层次分析法进行半定量评估，也可采用火灾模化法通过计算机模拟进行计算分析。

2）基准判定得分指标

基准判定得分指标是指除高风险场所指标（重点单位场所、区域火灾隐患指标）外的所有变量设置的定量评分判定基准。

以现行消防法规体系为基础支撑，政府消防部门下发文件为主要参考，对全国各地评估实践、研究进行借鉴与扬弃，结合当地消防部门工作实践设置定量化的评分判定基准。评分判定基准主要参考内容包括：《城市消防规划规范》GB 51080—2015、《城市消防站建设标准》建标 152—2017、《关于加强城镇公共消防设施和基层消防组织建设的指导意见》（公通字〔2015〕24 号）、《中国消防年鉴》、《年度省级政府消防工作考核细则》、政府消防部门火灾统计数据以及相关文献等。依据定量基准值进行评分判定，可降低评分的主观性，且基准值多选用省级或地方平均水平，评估结果可实现不同城市间的横向比较。

（2）得分计算方法

本书采用模糊集值统计法对专家组的区间赋分进行处理，计算评估得分。模糊集值统计法将人类认知与指标因素本身存在的不确定性进行模糊化处理，适用于对带有一定模糊性指标的评判。区间赋分可减少专家们打分时产生的随机误差，保留更多数据信息；通过进一步的数理统计方法，依次求出各指标评分，实现对各指标风险高低比较的直观认识。

对于指标，专家依据其评估标准和对该指标有关情况的了解给出一个特征值区间 []，由此构成一集值统计系列：[]，[]，…，[]，…，[]，见表25-3。

评估指标特征值的估计区间   表 25-3

评估专家	评估指标					
	u_1	u_2	$\cdots$	u_i	$\cdots$	u_m
p_1	$[a_{11}, b_{11}]$	$[a_{21}, b_{21}]$	$\cdots$	$[a_{i1}, b_{i1}]$	$\cdots$	$[a_{m1}, b_{m2}]$
p_2	$[a_{12}, b_{12}]$	$[a_{22}, b_{22}]$	$\cdots$	$[a_{i2}, b_{i2}]$	$\cdots$	$[a_{m2}, b_{m2}]$
$\vdots$	$\vdots$	$\vdots$		$\vdots$		$\vdots$
p_j	$[a_{1j}, b_{1j}]$	$[a_{2j}, b_{2j}]$	$\cdots$	$[a_{ij}, b_{ij}]$	$\cdots$	$[a_{mj}, b_{mj}]$
$\vdots$	$\vdots$	$\vdots$		$\vdots$		$\vdots$
p_q	$[a_{1q}, b_{1q}]$	$[a_{2q}, b_{2q}]$	$\cdots$	$[a_{iq}, b_{iq}]$	$\cdots$	$[a_{mq}, b_{mq}]$

则评估指标的特征值可按下式进行计算，即

$$x_i = \frac{1}{2} \sum_{j=1}^{q} [b_{ij}^2 - a_{ij}^2] \bigg/ \sum_{j=1}^{q} [b_{ij} - a_{ij}]$$

式中：$i=1, 2, \cdots, m$；$j=1, 2, \cdots, q$。

本案例指标评分范围为0～100分，各消防安全等级对应赋分见表25-4。

消防安全等级对应赋分一览表   表 25-4

消防安全等级	量化范围	消防安全等级特征描述
Ⅳ级	较高 [85,100]	消防安全状况较好,消防安全水平较高,存在的消防安全问题较少,火灾风险性较低,火灾风险可接受,消防安全状况提高重在维护和管理
Ⅲ级	中 [65,85)	消防安全状况一般,消防安全水平中等,存在一定的消防安全问题,在适当采取措施后可达到较高水平,火灾风险性中等,火灾风险可控制,消防安全状况提高重在局部地区整改和加强消防管控力度
Ⅱ级	较低 [35,65)	消防安全状况较差,消防安全水平较低,存在较多的消防安全问题,火灾风险性较高,火灾风险较难控制,应采取措施加强消防基础设施建设和提高消防管理水平
Ⅰ级	低 [0,35)	消防安全状况很差,消防安全水平很低,存在很多的消防安全问题,火灾风险性高,火灾风险难控制,应当采取全面的措施对主动防火设施进行完善,加强对危险源的管控,增强消防管理和救援力量

各指标评估分值结合对应权重进行线性加权计算，可得出城市消防安全水平得分，依据得分大小可判断该城市所处的消防安全等级。

第26章
软件仪器

在软件仪器方面，第二篇建筑消防安全评估中已介绍常用的消防安全仪器和软件。区域消防安全评估工作中，包含本书第二篇建筑消防安全评估中列举的所有仪器与软件。但由于区域消防安全评估的分析对象为某个区域，有别于单体建筑，所以在评估工作中需借助其他软件进行分析计算，从而提高工作效率，确保评估质量。本章将区域消防安全评估工作中常用的软件进行介绍，已在第二篇第10章中介绍的软件仪器，在此章不再赘述。

26.1　区域消防安全现场评估软件

区域消防安全现场评估对于社会经济的协调发展和城市建设，具有促进和保证作用，它是进行科学有效的城市消防法规的制定和消防安全部署规划的重要依据之一。区域消防安全现场评估在实际工作中，工作难度和复杂程度较建筑消防安全评估更高，需要信息化手段帮助评估工作顺利开展，实现智能化、科学化，提升工作效率。

区域消防安全现场评估软件是针对区域消防安全评估定制化开发的工具，其针对区域评估的特点，包含区域评估算法、区域消防力量分析、评估数据汇总处理、评估结果趋势分析等专业模块，提高区域消防安全评估现场检查和后期数据整理分析的效率。评估软件的实用性依赖于评估算法的科学性，因此在软件开发前期，准确掌握区域消防安全评估的算法和流程是必要的工作前提。

通常，区域消防安全现场评估软件通常包括移动端（手机或 iPad）和 PC 端两个系统。

1. 移动端功能

（1）将既有的打分表软件化，做成移动端。

（2）现场检查时，建立区域评估项目后，在打分表中进行数据采集。

（3）各项数据采集完成后，后台自动计算得分。

（4）打分表中有专门的一列用于拍照留存现场情况，软件能自动存储至指定的目录下。

（5）单个评估项目完成后，评估结果表、照片应归于同一目录下，照片按评估项目归类。

（6）对多个评估对象的评估结果（包括表格、得分、照片）进行统一管理，方便拷贝、导出。

2. PC 端功能

（1）将移动端的评估资料拷贝至 PC 端特定文件夹后，PC 端软件可对 n 个评估文档进行批处理。

（2）能形成 Excel、Word 报告，数据格式与 PC 端安装的主流软件兼容。

为了提高区域消防安全评估工作效率，中国建筑科学研究院防火所开发了区域消防安全现场评估软件（图 26-1）。目前，该款软件已成功运用在数十项区域性消防安全评估工作中，大大提升了工作效率，降低了人工成本。

图 26-1　区域消防安全现场评估软件

26.2　建筑群火灾蔓延模拟软件

区域火灾相较建筑火灾，其致灾因素更加复杂，区域间火灾蔓延是区域消防安全评估的重要内容之一。北京科技大学许镇教授提出了区域建筑群火灾蔓延模拟方法，并开发可视化平台软件，完成了区域火灾蔓延过程的可视化展示。本书主要介绍其原理。

区域火灾蔓延分为在单栋建筑内部的蔓延和建筑间的蔓延。在单栋建筑内，起火通常发生在某一房间，若未及时控制，火势将在建筑中迅速蔓延，最终波及整栋建筑。建筑间火灾的蔓延包括火焰直接接触、热辐射、热羽流和飞火等途径。其中，火焰直接接触是指一栋建筑燃烧时的火焰直接波及邻近建筑；热辐射是指建筑燃烧时的辐射通过门窗等开洞部位影响周围建筑，如果周围建筑达到了极限辐射强度，该建筑就会发生起火；热羽流是指高温热烟气可以随风扩散到较远处，同样会引发建筑起火；飞火是指燃烧的固体颗粒能被热羽流携带到其他地方。当它接触到建筑时，也有可能引发火灾。而在上述几种途径中，热辐射是最主要的火灾扩散方式。

1. 单栋建筑火灾蔓延模型

单栋建筑内火灾的发展过程可以简化为五个阶段，分别为起火阶段、蔓延阶段、完全燃烧阶段、倒塌阶段、熄灭阶段。各个发展阶段可以用温度和热释放率与时间的关系来表示。

2. 建筑间火灾蔓延模型

热辐射是最主要的火灾扩散方式，热羽流是火灾在较远处发生的主要途径，因此火灾计算程序主要考虑了这两种因素。

（1）热辐射

将建筑间的热辐射简化为辐射热通量 $\dot{q}_R$ 与通过开洞扩散的热烟气和火焰 $\dot{q}_D$ 的关系，两者间的关系如下式所示：

$$\dot{q}_R = \frac{1}{\varphi} \frac{\dot{q}_D A_D}{A_D + A_W} = \frac{k}{\varphi} \dot{q}_D$$

式中：$\dot{q}_D = \sigma T^4$；φ 是衰减系数，可取 0.8；k 为墙的开洞率；σ 是 Stefan-Boltzmann 常数；T 是起火建筑室内温度的平均值。

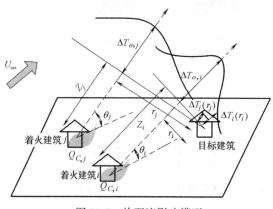

图 26-2　热羽流影响模型

（2）热羽流

采用 Himoto 和 Tanaka 提出的热羽流的影响模型，如图 26-2 所示。

（3）起火条件

建筑在燃烧过程中，热量通过墙体和开洞进行传递。对于钢筋混凝土等建筑，其外墙不具有可燃性，建筑内的物品将首先起火。而木结构较为特别，外墙本身就具有可燃性，因此外墙将先于建筑内物品起火。这些因素可通过设置墙表面的热通量、关键热通量的数值加以考虑。

（4）天气因素

火灾模拟中考虑了气温、湿度以及风速、风向等天气因素的影响。气温会影响可燃物的含水率，进而影响物体的可燃性。温度在一天内随时间的变化关系采用 Ren 等提出的方程表示。和气温类似，空气的湿度同样会影响可燃物的含水率，对火灾的扩散产生影响。风速会影响火灾蔓延的速度，而风向则会影响火灾蔓延的方向。

26.3　ArcGIS 软件

区域火灾蔓延场景模拟需要以合理的模型为基础。在实际情况中，由于区域建筑往往建造密集，并且缺少包含房屋建筑信息在内的图纸资料。在区域消防安全评估中，需要获取包括建筑的几何位置、面积、结构类型以及建筑火灾损毁情况等在内的建筑信息，在ArcGIS 软件里面建立区域建筑模型，设置相关参数。

ArcGIS 是 Esri 公司集 40 余年地理信息系统（GIS）咨询和研发经验于一体，奉献给用户的一套完整的 GIS 平台产品，具有强大的地图制作、空间数据管理、空间分析，空间信息整合、发布与共享的能力。

在区域消防安全评估中，ArcGIS 软件中数以百计的空间分析工具可将数据转换为信息及进行许多自动化的 GIS 任务。例如，计算建筑密度和距离、执行统计分析、进行叠加和邻近分析。采用 ArcGIS 软件,将卫星图像导入软件中,描出房屋外形轮廓。ArcGIS 软件能够自动计算出建筑物外形各角点的坐标及面积等信息。当区域建筑缺少直接可供使用的 GIS 数据,可采用人工描图的方式以获得建筑轮廓,有不少研究者在震害模拟和评估中采用了类似的方法。需要指出的是,虽然目前在那些缺少 GIS 数据的地区,要通过人工手段来获得建筑信息,但在将来有可能通过其他的方式来实现。例如,OpenStreet-Map 基于网络的 GIS 平台目前快速发展,其中,建筑物、道路等数据在不断地增多,未来可以作为获得建筑物信息的一个有效途径。

根据现场调查数据和照片可以确定建筑物的结构类型等信息,根据火灾前后的卫星图像对比,可以确定建筑物的火灾损毁情况。根据建筑物基本信息在 ArcGIS 中建立和完善建筑物属性表;将整理好的建筑数据导出,作为自动建模所需的基本输入数据。

26.4 Bigemap 地图下载器

为了清晰地表达区域整体信息,直观地展现区域路网、消火栓建设情况等问题,为决策者提供科学分析的依据,常借助地图软件 Bigemap 进行地图处理。该款地图软件是集下载卫星图片、电子地图、剖面图、混合地图、地形地图等于一体的软件。利用该软件可进行实时数据查询、地图查询、瓦片拼接,能下载谷歌、百度、高德、雅虎、搜狗等地图资源。下载下来的地图图片可以放大并且不影响像素,依旧可以清晰查找到需要的信息。该地图软件界面如图 26-3 所示。

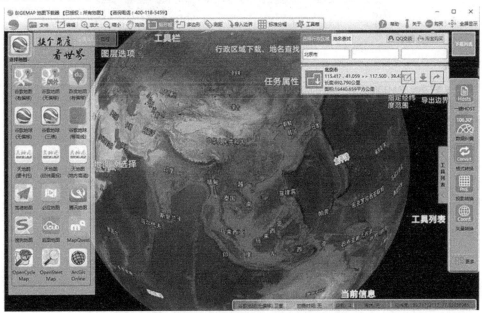

图 26-3 Bigemap 地图下载器界面

该地图下载器功能如下:
(1) 地图叠加、无缝拼接;
(2) 专业纠偏、超高精度;
(3) 地图坐标系轻松转换;

（4）地图数据分析；

（5）地图发布服务，支持实时缓存发布、离线发布；

（6）在线地名实时查询；

（7）多线程高速下载、断点续传；

（8）在线更新、终身护航。

26.5 Global Mapper 地图下载器

Global Mapper 是一款功能强大的小型化 GIS 栅格影像、矢量数据处理、加工软件，其本身具备了 GIS 软件产品的几乎所有特性，做到了将复杂的问题简单化，功能设计简单、直观，可以加工数据。在制作影像数据镶嵌、智能栅格影像切割、专题图绘制、矢量信息绘制、标注、正射影像生成、GPS 定位、坐标转换、投影转换、卫星地图纠正、地形（DEM）高程数据处理、行业主流文件格式的相互转换（如 kml 格式转换、SHP 格式转换、IMG 格式转换、PIX 格式转换、TIFF 格式转换等）时，Global Mapper 具有一定的操作优势。同时，软件本身提供了丰富的 WMS 数据源，包括雷达孔径地图（TOPO）、DEM 数据地图、Digital Globe 水印卫星地图、STRM 数据、USGS 数据，等等。在已有 WMS 数据源的基础上，用户也可以自行创建或添加 WMS 数据库，数据处理动静结合、展现方式有所创新。该地图软件界面如图 26-4 所示。

图 26-4 Global Mapper 地图界面

第27章
组织架构

27.1 工作分工

整个工作由四方面人员参与，不同团队工作分工如图 27-1 所示。

1. 资料收集阶段

消防主管部门应派专人负责协助专业评估团队进行评估资料收集工作，专业评估团队应提供评估所需资料清单，消防主管部门及其他政府部门应在现场评估工作开展前两周提供区域消防安全评估所需的相关资料。

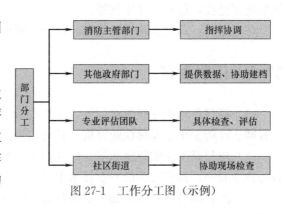

图 27-1　工作分工图（示例）

2. 现场评估阶段

（1）现场评估前，消防主管部门或社区街道应协调好被评估建筑的管理人员进行情况介绍，并协调、配合现场勘察。

（2）现场勘察时间安排应保持连续性；根据抽查比例，专业评估团队应提前提供被抽查评估单位清单，消防主管部门或社区街道应告知被抽查评估单位的联系人及联系方式，必要时现场协调评估时间安排，非停产场所和生产性场所分开检测。

（3）消防主管部门必要时应协调被评估建筑的消防维保单位协助评估工作并提供相关记录文件，事先对消防系统和消防设施运转状况进行介绍。

（4）为了更好、更快、更顺利地实现检测目标，消防主管部门、社区街道和被评估单位的管理人员应派出专门人员全力配合现场评估工作。

（5）现场勘察可能涉及高空作业，但应尽量避免高空危险作业。如必须进行此类作业，需经各方协商同意。

（6）现场评估时，消防主管部门或社区街道必要时应协调被评估单位，安排消防应急人员及医疗人员需处于值班状态，以应对突发事件。

3. 评估报告审查阶段

消防主管部门应按照进度计划及时对专业评估团队提交的评估报告进行审查，给出指导意见；专业评估团队应根据审查意见对评估报告进行完善、修改。

27.2 岗位职责

岗位分为项目负责人、项目总工、项目助理、组长和技术人员五类。其中,项目负责人、项目总工、组长职称均应为高级职称以上,从事区域消防安全评估工作多年,具有丰富的项目经验;技术人员也应有消防安全评估和现场检查经验。各岗位职责如下所示。

(1)项目负责人:控制项目总体进度和工作目标。

(2)项目总工:监督技术人员工作成果,控制工作进度与质量。

(3)项目助理:分配组员、现场协调,与市公安局、消防监督管理局联系,与各组长即时沟通。

(4)组长:分配组员,组员培训,带领组员现场勘察,与采购方、建筑业主的协调,评估进度把控,资料文件审核等。

(5)组员:负责实施现场检查、打分、资料整理等工作。

27.3 任职资格

(1)项目负责人任职资格如下:应具有博士研究生学历,正高级职称,一级注册消防工程师、注册安全工程师执业资格,具有较强的组织协调能力和较高的专业技术水平。

(2)项目总工任职资格如下:应具有正高级职称,一级注册消防工程师、注册安全工程师执业资格,具有较高的专业技术水平。

(3)项目助理任职资格如下:应具有一级注册消防工程师执业资格,具有丰富的项目经验。

(4)组长任职资格如下:应具有高级职称,一级注册消防工程师执业资格,具有丰富的项目经验。

(5)组员任职资格如下:大部分应具有一级注册消防工程师执业资格,具有丰富的项目经验。

27.4 岗位培训

为保证评估工作科学、数据和资料准确,开展评估前,将对技术人员进行现场评估专业培训。培训内容主要包括:

(1)明确项目检查目的:对检查对象的消防行政许可、消防安全制度等文件进行书面审查,对检查对象的消防安全状况进行现场检查,对检查对象的消防安全管理及运行机制进行全面分析。

(2)培训现场评估方法:包括对火灾自动报警及联动控制系统、自动喷淋灭火系统、消火栓系统、防火分隔设施、防排烟系统、应急照明及疏散指示系统、消防通信设备、移动灭火器、气体灭火系统、地下泵房及其附属设施等的外观检查和联动控制检查,必要时需用专业仪器进行测试或进行专业消防检测。

(3)培训规范对相关检查内容的规定:这些规范主要包括《中华人民共和国消防法》

《建设工程消防监督管理规定》(公安部令第 119 号)、《消防监督检查规定》(公安部令第 120 号)、《建筑设计防火规范》GB 50016—2014 (2018 年版)、《火灾自动报警系统施工及验收标准》GB 50166—2019、《自动喷水灭火系统施工及验收规范》GB 50261—2017、《气体灭火系统施工及验收规范》GB 50263—2007、《泡沫灭火系统施工及验收规范》GB 50281—2006、《建筑工程消防验收规范》DB 33/1067—2010 等。

(4) 解释各类场所打分细则，培训调研时的主要工作，重点是检查表使用方法、不安全因素的拍照取证等。

(5) 培训采用软件评估和处理数据的人员软件的使用方法和注意事项。

第28章
资料采集

根据城市区域消防安全评估内容，主要从城市火灾危险性状况、社会保障能力、灭火救援能力和城市火灾防范水平四部分进行资料收集，具体如下。

28.1 信息收集

28.1.1 国家标准《城镇区域消防安全评估》信息收集

1. 区域发展程度

（1）人口规模和结构：如户籍人口、常住人口、流动人口、弱势群体等。

（2）经济状况：如经济密度、产业分布特征等。

（3）建筑状况：如建筑密度、建筑平均高度、建成区面积等。

（4）用地分布：如建设用地、工业用地、商业服务业设施用地、物流仓储用地、居住用地、公共管理与公共服务用地等各种用地的具体分布状况。

2. 区域风险特征

（1）当地地理和气候特点：当地影响火灾风险的地理环境（如海拔高度、地形地貌特点等）和气候气象特点（如温度、湿度、气压、风力、降水量、典型气象条件等）。

（2）消防安全重点单位、火灾高危单位、重大火灾隐患等的具体分布情况。

（3）根据消防工作和风险管理需要，结合被评估区域的经济结构特点，需要在消防安全评估中重点考虑的典型场所（如高层建筑、大型城市综合体、石油化工企业、地下工程、易燃易爆化学品生产/销售/存储场所、劳动密集型企业、大型集贸市场、大型仓储物流仓库、老旧居住建筑、城中村、"三合一"、养老场所、医院、学校、文物古建筑、轨道交通、通航水域等）的具体分布、存在的隐患及风险等。

（4）历史火灾统计数据：如火灾起数、受伤人数、死亡人数、经济损失、起火原因、起火场所、重特大典型火灾案例等。

3. 公共消防基础设施

消防规划编制方面主要评估是否编制消防规划，现有消防规划是否过期，是否及时修订，规划内容的完整性、科学性、合理性以及与当地总体规划适应程度等。消防规划实施方面则从各项计划指标的完成程度来评估消防规划的实施情况。

（1）消防站：主要评估公安消防站、政府专职消防队的数量、布点及辖区面积，并结合城乡地域、功能区划、人口规模、道路条件等内容，分析消防站布局的合理性。

（2）消防通信：结合现有消防接处警、移动指挥系统和应急通信保障装备，从火警受理、力量调度、辅助决策和现场通信等方面，分析对灭火救援指挥可能造成的影响，评估消防通信保障能力。

（3）消防供水：根据市政道路及供水管网情况，掌握辖区市政消火栓应建数、实有数、完好数及布点情况，统计储水设施、天然水源等情况，评估消防供水保障能力。

（4）消防车通道：掌握不符合消防车通道设置要求的市政道路分布情况，分析消防车通道建设和管理存在的主要问题，测算消防车到达最不利点保护对象的时间，评估消防车通行条件。

（5）应急疏散：掌握被评估区域内设置的应急避险场所和疏散安置区域的面积、容量等。

4. 灭火救援能力

（1）消防力量体系：统计分析公安消防站现役官兵、合同制消防员、微型消防站队员的人数、年龄、工作年限和技能水平，供水、供电、供气、医疗等社会专业救援队伍数量、人员构成，灭火专家组、区域联防协作组织、志愿消防组织建设情况等，评估消防力量体系与实战需求的匹配程度。

（2）灭火救援预案：灭火救援预案是灭火救援工作的准备，主要评估是否根据当地可能发生的火灾特点编制了重特大火灾应急预案，并根据应急预案的内容进行定期演练和实施的情况。

（3）消防装备：统计分析辖区公安消防站、政府（企业）专职消防队、微型消防站的消防车辆、装备、器材的数量、类别、功能、服役年限等主要参数，评估配备达标情况及处置突发灾害事故的适应程度。

（4）灭火救援响应时间：统计分析灭火应急救援接处警记录，评估消防队接处警效率、到场速度、现场处置火灾的能力。

（5）灭火救援应急联动：灭火救援应急联动是灭火救援工作的基础，主要评估城市灭火救援应急联动平台、应急联动单位和灭火救援专家等的具体情况。

5. 社会消防安全管理

（1）消防法制建设：消防立法评估消防事业发展规划、年度实施计划以及以消防安全管理为主要内容的地方性法规、规章、规范性文件的编制情况，反映社会消防安全管理建章立制的情况；消防执法评估办理与火灾有关的刑事案件和行政处罚案件的情况；火灾隐患整改评估重大及区域性火灾隐患整治力度。

（2）消防宣传教育培训：主要评估宣传、教育、培训三个方面的工作开展情况及公众的消防知识水平，包括在自媒体（官方微信、微博）、传统媒体（报刊报纸、电视、电台）等多种媒体的宣传力度和宣传平台的建设水平；初中、小学开设消防知识课的情况；消防科普教育基地、校园消防实景体验室或消防体验馆的建设情况；消防站开放情况；消防相关岗位人员接受消防安全培训情况；单位从业人员持有消防职业资格证书情况；以及结合国民消防安全常识知晓率调查数据，评估公众火灾防范意识、逃生自救能力及消防安全素质。

（3）消防经费投入：主要反映各级政府对公共消防安全的重视程度，体现地方政府对消防事业的投入力度和保障水平。

（4）社会消防力量：统计分析社会消防技能从业人员、注册消防工程师等消防专业技术人员、消防技术服务机构、消防网格化管理人员等社会消防力量建设的情况。

（5）单位自主管理：从社会单位消防制度构建、"四个能力"建设、户籍化管理、消防设施维护保养等方面，评估单位主体责任落实情况。

28.1.2 常用大型城市区域消防安全评估信息收集

1. 本地区城市火灾危险性状况

（1）城市自然条件、经济社会发展概况、重点产业火灾危险性特点。

（2）城市辖区面积、建成区规模，城市功能区规划布局。

（3）近3年火灾事故情况及火灾事故规律、特点。

（4）区域性、行业性消防安全突出问题类型与分布情况。

（5）城市重要火灾危险源的分布情况。

（6）城市重要公共建筑、高层建筑、城市地下空间、重要交通枢纽、历史文物建筑或历史城区（街区）等重点保护建筑物分布。火灾高危区、重大火灾隐患集中区、重点火灾隐患片区的分布情况（如"城中村"集中区、化工园区、老工业园区、建筑耐火等级低的建筑密集区）。全面摸排隐患底数，确定风险等级，梳理隐患存量分布，分析隐患成因和治理难点，研究提出针对性的解决对策。

2. 城市火灾防范水平

（1）政府履行消防安全职责情况。

（2）政府有关部门履行消防安全职责情况。

（3）社会单位落实消防安全责任情况。

（4）基层消防安全监管机构组建情况，各街道落实网格化消防安全管理工作情况。

（5）公众消防安全感和满意度情况。

（6）城市消防安全宣传、教育与培训开展情况。

（7）微型消防站建设情况。

（8）消防规划制定及实施情况。

3. 社会保障能力情况

（1）消防安全经费投入情况。

（2）消防车辆、消防装备等建设情况。

（3）战勤保障基地、训练基地等救援保障设施建设情况。

4. 灭火救援能力

（1）消防救援队、政府专职队、志愿消防队等建设情况。

（2）大型企业专职消防队建设情况。

（3）城市火灾应急预案、大型企业火灾应急预案制定情况，社会单位、微型消防站应急联动和处置机制建设情况。

（4）跨区域应急预案与多部门联动机制建设情况。

（5）消防水源、应急供水设施、市政消火栓等建设情况。

（6）消防通信、消防车通道等公共消防设施建设情况。

28.2 常用访谈议题

2019年4月23日发布的《中华人民共和国消防法》对国务院应急管理部门的职责进行了明确，要求国务院应急管理部门对全国的消防工作实施监督管理，县级以上地方人民政府应急管理部门对本行政区域内的消防工作实施监督管理，并由本级人民政府消防救援机构负责实施。因此对当地消防监督管理机构进行调研访谈，是收集信息和了解当地消防工作开展情况的必要环节。

1. 防火监督部门

（1）全市及各区县基本情况及发展定位介绍。

（2）全市及各区县消防工作基本概况，消防事业规划及城市消防专项规划。

（3）全市消防财政投入及履行消防安全工作责任的概况。

（4）全市主要高风险场所类别、分布及风险概况（确定报告大纲）。

（5）各类高风险场所在防火监督、消防设施、消防管理等方面存在的主要问题。

（6）针对各类高风险场所存在的问题，提出解决办法及措施建议。

（7）社会面防控、消防监督执法及消防宣传方面存在的问题及措施建议。

（8）全市消防物联网、大数据的工作基本概况及发展方向。

2. 作战训练部门

（1）全市及各区县消防站点、市政消火栓、消防水源、消防通信等基础设施的建设概况，缺失及规划落实问题分析。

（2）训练基地的基本概况，包括规模、数量、训练项目及存在的主要问题及措施建议。

（3）针对高风险场所，从灭火救援角度分析各类场所存在的主要问题及措施建议。

（4）水域救援及高速公路救援需求、现状及存在的问题和措施建议

（5）多种形式消防队伍的建设基本情况及面临的主要问题和措施建议。

（6）在灭火救援中多部门联动工作实施情况，以及面临的主要问题及措施建议。

3. 后勤装备部门

（1）全市及各区县消防车辆、装备配备现状。

（2）全市及各区县车辆、装备配备方面存在的主要问题。

（3）车辆及装备超期服役现象分析及措施建议。

（4）针对上述高风险场所，特种车辆、装备配备现状及存在的主要问题。

4. 各区消防大队访谈议题

（1）辖区定位及未来发展规划。

（2）辖区内主要高风险场所的类型、分布及风险概况。

（3）针对高风险场所，提出在消防工作管理方面存在的问题及措施建议。

（4）针对高风险场所，提出在灭火救援方面存在的问题及措施建议。

（5）消防站点、人员配备及公共消防设施建设情况及存在的问题和措施建议。

（6）消防装备、消防训练及战勤保障基本情况，针对上述高风险场所的特种车辆、装备及专业性训练方面的现状，以及存在的主要问题及措施建议。

（7）政府、行业主管部门、社会单位主体落实消防安全工作情况及存在的问题。

（8）消防宣传、消防科技方面的工作概况及发展方向。

28.3　常用提资清单

（1）辖区自然条件、社会经济发展概况。

（2）辖区面积、建成区规模，主要功能区及大概分布。

（3）重点产业火灾危险性特点，近3年火灾事故数据、火灾事故原因及规律特点。

（4）辖区基础消防设施的设置情况。

（5）辖区隐患存量分布情况，隐患成因和治理难点。

（6）城市最新消防规划报告。

（7）各区县建成区总图（AutoCAD格式）。

（8）基础消防设施在总图上的分布位置和相关信息情况，例如，区域规划中各功能区的分布、消防队（站）位置、道路宽度信息。

（9）消防水源设置情况（自来水厂位置、供水管网、市政消火栓的分布和管径水压，可用自然消防水源位置）。

第29章
质量把控

29.1 概述

同单体建筑的消防安全评估目的类似，保证质量目标是区域消防安全评估最重要的内容之一，包括：

（1）符合国家规划、建筑、消防相关技术标准、规范。

（2）满足区域内消防救援、建筑相关使用功能，如消防道路、消防水源、商业活动等。

（3）满足区域消防部门、建筑使用者相关要求，如高效救援、便于管理、分阶段实施等。

评估过程也需采用多种技术手段，如现场检查、管理体系分析、人员访谈、消防设备设施联动测试、火灾荷载计算、材料燃烧性能试验、烟气与疏散仿真分析等。获得一手数据后，采用科学的评估技术进行处理，如建立统一的评估指标体系，根据目标划分评估单元，确立指标权重，以综合评判对象的风险等级，提出有针对性的提高区域消防安全水平的措施和建议。

此外，针对区域消防安全评估也应建立质量控制体系和制度，制定区域消防安全评估质量管理手册，并在评估过程中严格遵守，对各项工作和文件进行质量管控，依据作业指导书规范评估工作。

质量保证措施可能涉及以下方面：

1. 建立项目组组织机构，成立专家团队

按照科学、高效的原则成立项目组，由项目负责人统一管理，总工监督，项目助理负责协调和组织实施工作，专业负责人带领工作小组落实具体任务，必要时设置质量工程师，以保证各阶段工作成果满足目标需求。整个项目组应分工明确，责任到人。区域消防安全评估与单体建筑消防安全评估相比，增加了区域公共基础消防设施这一评估对象，因此专家团队中应该设置相关岗位。

2. 进行有针对性的培训

入驻现场前，由项目负责人组织项目组成员根据合同及相关文件所规定的工作内容进行专业培训，培训内容可能包括：质量控制文件、评估内容、与区域评估相关的规范知识、评估工具使用方法、安全培训及应注意的事项等。

3. 确保设施、设备配备充足、可靠

（1）确保数据处理可靠。高性能的工作站、数据服务器等为数据处理、软件运行提供可靠、高效的计算资源，还可以充分利用现有 IT 技术提升数据获取效率和处理效率，如消防安全评估现场调研系统、消防安全评估移动 APP、数据自动统计系统等。

（2）确保检查、检测设施设备可靠。各类检测、试验设备满足现场检查、检测需求；各类仿真计算软件，如计算流体动力学软件 Fluent、火灾动力学模拟工具 FDS、综合模拟软件 Thunderhead Engineering PyroSim、人员疏散分析软件 STEPS3.0、building exodus 及 pathfinder，结构有限元分析软件 Abaqus、Ansys 等，以满足烟气蔓延分析、安全疏散分析及结构受火分析等专业需求。

4. 其他措施

根据具体情况制订其他保证措施，如结合工作质量的奖惩措施、在工作中与各方及时沟通的方案、确保工作按时进行的方法、对于所提交资料的质量保证方案、项目完成后的后续工作计划等。

29.2　组织保障

为确保区域消防安全评估质量，应结合区域特点、建筑类型比例、项目需求组建专家牵头的项目组，该部分也应根据团队情况、类似项目经验制定。整个组织机构的策划应层次分明，线条清晰，责任到人。这对于科学、有序、高效地开展区域消防安全评估工作，将起到重要的保障作用。同单体建筑消防安全评估项目组的岗位设置类似，整个项目组可分为项目负责人、项目执行负责人、项目助理、项目总工、现场负责人及专业技术人员六类。项目负责人应具有丰富的项目经验，职称一般为正高；项目执行负责人、项目助理、项目总工、主要技术人员最好为一级注册消防工程师；其余专业技术人员应具有区域消防评估工作经验及报告撰写经验，具体的岗位职责可参照 13.2 节。

29.3　专项培训

为保障工作质量，应对项目参与人员进行质量控制培训，培训内容可能包括组织结构及责任、质量控制、评估技术、工作流程、工具使用、注意事项等。具体的培训内容除参照 13.3 节内容外，还应结合区域消防安全评估的特点，增加区域消防安全评估管理、技术、注意事项等的内容，如室外调研人员的组织、安全注意事项、消防站布局相关标准、消防规划相关标准、调研数据处理方法等。

29.4　专业设备

为保证区域消防安全评估项目按期、稳妥、可靠的实施并保证工作质量，也应确保所使用的设施设备数量充足、性能可靠，如：

（1）建立设备管理制度，明确专人管理、维护和保养。

（2）定期进行维护保养，确保设备处于完好状态。

（3）按时对需要计量检定、校准的设备进行计量检定、校准。

（4）建立设备管理档案，设备的技术资料、说明书、合格证、维修和计量检定记录存档备查。

（5）评估人员定期对设备的性能、技术指标、操作规程及有关标准接受培训。

第30章
进度计划

30.1 概述

同单体消防安全评估类似，为保证区域消防安全评估工作按时完成，也应结合其工作特点预先制订进度计划和保证措施，如将工作内容分解为若干关键节点并确定各节点的完成时间，将评估人员分为若干专业组，将其工作内容分解为关键项并确定完成时间等，具体可参照 14.1 节。

30.2 保证措施

为保证区域消防安全评估工作按时、按计划保质、保量完成，也应统筹安排并制订系列保证措施，如组织保证、技术力量保证、设备配备保证等。

在组织形式上，应设置进度控制组织机构，以保证评估工作按进度计划完成，包括组织架构、岗位职责等内容。

在制度保证方面，项目总负责人应组织项目组召开项目启动会，明确评估工作的进度计划、质量要求、工作任务及分工，建立各项管理制度、例会制度等。

在人员保证方面，除配置具有单体建筑评估经验的人员外，还需结合区域消防安全评估的技术需求，配置熟悉区域消防安全管理、区域消防规划等有经验的专业人员，以保证专业齐全、人员胜任、有良好的执行力。

区域消防安全评估过程所需要的各类设备也应保证其可靠，由专人进行管理和维护，制定相应管理制度。

该部分内容可参照 14.2 节中有关单体建筑消防安全评估的理念、方法。

第31章
汇总分析

本章主要介绍区域消防安全评估在完成前期资料调研、现场评估等相关工作后，对评估数据和结果进行汇总和分析的相关内容。

31.1 概述

1. 定义

区域消防安全评估的汇总分析是采用统计分析的方法对收集的大量资料数据进行仔细研究和概括总结的过程，包括前期资料调研和现场检查评估的数据，通过数据汇总、理解和消化，以求最大化地开发数据的功能，发挥数据的作用。

2. 目的

消防安全评估人员在完成某区域实地评估工作后，通过将评估过程中发现的问题进行汇总、分类、统计，分析所得数据，以判定某区域火灾风险和消防安全水平，并据此提出消防安全对策措施及建议，因此，数据分析在消防安全评估工作中具有极其重要的地位。

3. 工具

汇总分析的工具可以使用 Excel 自带的数据分析功能完成数据统计、分析，其中包括直方图、相关系数、协方差、各种概率分布、抽样与动态模拟、总体均值判断、均值推断、线性回归、非线性回归、多元回归分析等内容。

4. 内容

汇总分析的内容主要包括汇总现场检查资料，建立各类影响因素的特征数据库，以图、表、曲线等多种形式对评估结果进行展示，根据指标体系、现场检查情况打分，将所有排查发现的数据进行收集、整理、分类，根据汇总结果分析影响消防安全等级的关键因素，判断整体消防安全状况，科学、合理地确定消防安全水平。

5. 原则

区域消防安全评估相对单体建筑的评估而言，更侧重于对区域整体消防安全性能的评估。评估结果更具有宏观性、整体性、全局性，评估结论更客观、真实、严谨、明确。区域消防安全评估结果的汇总分析一般遵循以下原则：

（1）直观

评估结果应尽量直观地反映被评估对象各项影响因素的实际水平，各项因素的统计方式可根据各因素特点选择适用的展示形式。

（2）全面

分析过程应尽量考虑横纵交差分析，评估结果分析图中应尽量耦合多种消防安全影响因素，例如，可既包括火灾风险因素，也包括区域消防救援因素，以综合判定区域消防安全水平。

31.2　表达形式

1. 列表法

区域消防安全评估数据统计表格的要求主要是评估对象类型清晰、评估单位名称明了、问题描述完整，备注中可以注明是否存在重大火灾隐患等，示例见表 31-1。

某城市区域建筑消防安全评估问题列表（示例）　　　　　　　　　表 31-1

序号	单位类型	建筑名称	消防安全问题	备注
1	"三小"场所	××超市	(1)无应急照明灯； (2)违规存在液化石油气； (3)私搭乱接电气线路	违规住人
2	公共场所	××购物中心	(1)疏散通道、安全出口的防火门未保持完好有效； (2)消防自动喷水灭火系统无法正常运行； (3)灭火器设置不符合规范要求	

2. 作图法

作图法在数据分析中最清晰、直观。对于区域消防安全评估而言，最终评估结果，特别是评估区域的风险分布水平若可以用图纸展示，将提高评估结果的可阅读性和直观性。

作图法可以灵活运用于火灾数据分析、隐患分布统计中，如图 31-1 所示。

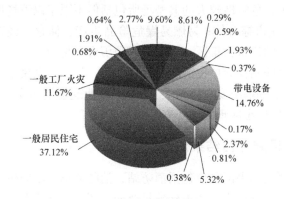

某市起火场所统计

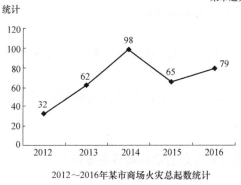

2012～2016年某市商场火灾总起数统计

不同城市的万人拥有消防员率

图 31-1　作图法

此外，城镇区域信息地图，例如道路情况、用地属性、建筑密度、水源分布、消防站点分布等，也可以使用图形展示法。

31.3　评估结果汇总

区域消防安全评估结果汇总应涵盖区域发展程度、区域风险特征、公共消防基础设施、灭火救援能力和社会消防安全管理五方面内容。汇总内容应包括定性或定量评估结果、对评估结果的分析、存在的消防安全问题及原因，宜采用文字、图表等多种形式相结合的方法进行展示。

31.3.1　区域发展程度评估结果汇总

区域发展程度评估结果汇总包括评估区域基本信息，包括内人口、经济、建筑、交通、用地和产业等内容，评估数据应尽量选取评估当下能反映评估区域真实情况的最新数据。

汇总内容至少应包括近几年火灾起数、人员伤亡情况、直接财产损失情况、火灾原因情况、分月火灾情况、分时火灾情况等。

31.3.2　区域风险特征评估结果汇总

区域风险特征评估结果汇总应包括火灾形势和危险性较大的典型场所和单位的情况及消防安全状况等内容，其中，危险性较大的典型场所包括但不限于以下场所：

高层建筑；地下建筑；城市综合体；易燃易爆危险品生产、储存、经营场所；建筑耐火等级低或灭火救援条件差的建筑密集区；历史城区和历史文化街区。

针对不同类型场所，可编制社会单位消防安全评估表，如《公众聚集场所现场消防安全评估表》《易燃易爆企业现场消防安全评估表》《物流产业现场消防安全评估表》《城中村现场消防安全评估表》《居民小区现场消防安全评估表》等。

31.3.3　公共消防基础设施评估结果汇总

公共消防基础设施的评估结果汇总应包括消防站、消防通信、消防供水、消防车通道和应急疏散等相关内容。汇总分析市政消火栓数量及分布图、消防道路长度及分布、市政消防给水管网的布置、对市政消火栓的压力和流量进行实测的数据等。

1. 消防站

消防站应包括地方人民政府建设的消防站的数量、布点、辖区面积和布局合理性等内容。

消防站的统计分析可采用 ArcGIS、Bigemap、Global Mapper 等软件对区域内消防站布局进行量化分析和图形化处理。

2. 消防通信

消防通信应包括消防接处警系统、移动指挥系统和应急通信保障装备等内容。

3. 消防供水

消防供水应包括供水管网、市政消火栓或消防水鹤、人工水源和天然水源等内容。

4. 消防车通道

消防车通道应包括市政道路分布、建设、管理和消防车通行条件等内容。可采用 ArcGIS、Bigemap、Global Mapper 等软件对区域内消防道路状况进行量化分析和图形化处理。

5. 应急疏散

应急疏散应包括应急避难场所和疏散安置区等内容。

31.3.4　灭火救援能力评估结果汇总

灭火救援能力评估结果汇总应包括消防力量体系、灭火救援预案、消防装备、灭火救援响应时间和灭火救援应急联动等内容。

消防力量体系应包括国家综合性消防救援队伍、地方人民政府和企事业单位建立的专职消防队伍、社会专业救援队伍、志愿消防队伍（微型消防站）和区域灭火救援联防协作组织等内容。

灭火救援预案应包括应对突发事件的总体预案与火灾、爆炸、泄漏事故等专项预案的编制、演练、实施和修订等情况。

消防装备应包括消防车辆装备、消防员防护装备、灭火和应急救援器材等的配备情况。

灭火救援响应时间应包括灭火救援接处警情况、行车时间和灭火救援准备时间等内容。

灭火救援应急联动应包括应急联动平台的建设和实际运行情况、应急联动单位情况和应急联动储备物资等内容。

31.3.5　社会消防安全管理评估结果汇总

社会消防安全管理评估结果汇总应包括消防法治建设、消防宣传教育培训、消防经费投入、消防技术服务机构和执业人员、单位消防安全管理等内容。

消防法治建设应包括消防法规、监督执法、消防规划和火灾隐患整改等内容。

消防宣传教育培训应包括消防宣传教育水平、消防培训普及程度和公众消防安全素质等内容。

消防经费投入应包括政府投入的消防业务费、消防基础设施建设维护费及其他与消防事业相关的经费。

消防技术服务机构和执业人员应包括社会消防技能从业人员、注册消防工程师等消防专业技术人员、消防技术服务机构、消防志愿者等内容。

单位消防安全管理应包括落实消防安全责任制、配备消防设施器材、整改火灾隐患、组织消防演练等内容。

31.4　消防安全分级

根据区域火灾防控的实际需求，区域消防安全评估的结论应根据评估对象的消防安全水平明确判定其消防安全等级，可划分为"较高""中""较低""低"四个等级，结合采用的定性或定量的评估方式,确定与消防安全等级相对应的消防安全特征或量化范围。

常见的消防安全分级量化范围和特征描述见表31-2。

消防安全分级量化范围和特征描述 表 31-2

消防安全等级		量化范围	特征描述
IV级	较高	[85,100]	消防安全状况较好,消防安全水平较高,存在的消防安全问题较少,火灾风险性较低,火灾风险可接受,消防安全状况提高重在维护和管理
III级	中	[65,85)	消防安全状况一般,消防安全水平中等,存在一定的消防安全问题,在适当采取措施后可达到较高水平,火灾风险性中等,火灾风险可控制,消防安全状况提高重在局部地区整改和加强消防管控力度
II级	较低	[35,65)	消防安全状况较差,消防安全水平较低,存在较多的消防安全问题,火灾风险性较高,火灾风险较难控制,应采取措施加强消防基础设施建设和提高消防管理水平
I级	低	[0,35]	消防安全状况很差,消防安全水平很低,存在很多的消防安全问题,火灾风险性高,火灾风险难控制,应当采取全面的措施对主动防火设施进行完善,加强对危险源的管控,增强消防管理和救援力量

31.5 评估结果分析

1. 消防安全因素量化及处理

考虑到人的判断的不确定性和个体的认识差异,运用集体决策的思想,评分值的设计采用一个分值范围,并分别请多位专家根据所建立的指标体系,按照对安全有利的情况,越有利得分越高进行评分,从而降低不确定性和认识差异对结果准确性的影响,然后根据模糊集值统计方法,通过计算得出一个统一的结果。

2. 模糊集值统计

对于指标,专家依据其评估标准和对该指标有关情况的了解给出一个特征值区间 [],由此构成一集值统计系列:[],[],…,[],…,[],见表31-3。

评估指标特征值的估计区间 表 31-3

评估专家	评估指标					
	u_1	u_2	…	u_i	…	u_m
p_1	$[a_{11},b_{11}]$	$[a_{21},b_{21}]$	…	$[a_{i1},b_{i1}]$	…	$[a_{m1},b_{m2}]$
p_2	$[a_{12},b_{12}]$	$[a_{22},b_{22}]$	…	$[a_{i2},b_{i2}]$	…	$[a_{m2},b_{m2}]$
…	…	…	…	…	…	…
p_j	$[a_{1j},b_{1j}]$	$[a_{2j},b_{2j}]$	…	$[a_{ij},b_{ij}]$	…	$[a_{mj},b_{mj}]$
…	…	…	…	…	…	…
p_q	$[a_{1q},b_{1q}]$	$[a_{2q},b_{2q}]$	…	$[a_{iq},b_{iq}]$	…	$[a_{mq},b_{mq}]$

则评估指标的特征值可按式(31-1)计算,即

$$x_i = \frac{1}{2} \sum_{j=1}^{q} \left[b_{ij}^2 - a_{ij}^2 \right] \bigg/ \sum_{j=1}^{q} \left[b_{ij} - a_{ij} \right] \tag{31-1}$$

式中：$i = 1, 2, \cdots, m$；$j = 1, 2, \cdots, q$。

3. 指标权重确定

目前，国内外常用评估指标权重的方法主要有专家打分法（即 Delphi 法）、集值统计迭代法、层次分析法、模糊集值统计法等。本课题采用专家打分法确定指标权重，这种方法是分别向若干专家咨询并征求意见来确定各评估指标的权重系数。

设第 j 个专家给出的权重系数为 $(\lambda_{1j}, \lambda_{2j}, \cdots, \lambda_{ij}, \cdots, \lambda_{mj})$。

若其平方和误差在其允许误差 ε 范围内，即

$$\max_{1 \leqslant j \leqslant n} \left[\sum_{i=1}^{m} \left(\lambda_{ij} - \frac{1}{n} \sum_{j=1}^{n} \lambda_{ij} \right)^2 \right] \leqslant \varepsilon \tag{31-2}$$

则

$$\bar{\lambda} = \left(\frac{1}{n} \sum_{j=1}^{n} \lambda_{1j}, \cdots, \frac{1}{n} \sum_{j=1}^{n} \lambda_{ij}, \cdots, \frac{1}{n} \sum_{j=1}^{n} \lambda_{mj} \right) \tag{31-3}$$

$\bar{\lambda}$ 为满意的权重系数集；否则，对一些偏差大的 λ_i 再征求有关专家意见进行修改，直到满意为止。

4. 消防安全等级判断

根据基本指标的特征值，可以通过下述公式计算上一层指标的消防安全分值。

$$F_r = \sum_{i=1}^{m} x_i \times \lambda_i \tag{31-4}$$

式中：$i = 1, 2, \cdots, m$。

最终应用线性加权方法计算整体消防安全分值：

$$R = \sum_{r=1}^{n} W_r \times F_r \tag{31-5}$$

式中　R——整体消防安全分值；

　　W_r——下层指标权重；

　　F_r——下层指标评估得分。

根据 R 值的大小，可以确定评估目标所处的消防安全等级。

根据资料采集和数据汇总分析，对评估指标体系内相关指标进行一一打分，进行整理得到被评估区域总得分，根据分数确定被评估区域的消防安全等级。

第32章
措施对策

依据评估目的和评估对象实际状况得出评估结论后，针对消防安全评估中发现的问题，结合评估对象的消防安全等级，提出措施对策及建议。措施对策及建议应具有科学性、适用性和可操作性。

区域消防安全评估是分析区域消防安全状况、查找消防工作薄弱环节的有效手段，评估建议及措施需要结合评估对象的实际情况从不同层面提出，才有针对性。

32.1　政府层面的措施对策

政府层面应建立健全消防安全政策和法律法规建设，深化落实领导责任，细化各级政府、行业部门、监管部门、社会组织、社会单位的消防工作职责，建立更加完善的消防安全责任体系和考核机制，明确划分各行业主管部门的相关职责，制订逐年建设和整改计划。措施对策具体包括以下几个方面：

(1) 健全完善地方消防政策法规体系。

(2) 强化管控区域党委政府领导责任。

(3) 出台高风险场所消防安全管理规定。

(4) 健全完善消防责任制考核机制。

(5) 完善消防部队人才培养机制。

32.2　行业主管部门的措施对策

行业部门承担消防安全监管责任。坚持"谁主管、谁负责"，按照"管行业必须管安全"的要求，督促行业部门加强对本行业、本系统的消防安全管理，具体包括以下几个方面：

(1) 强化部门依法监管责任落实。

(2) 构建消防立体化社会防控系统。

(3) 优化社会消防任务环境。

(4) 加快消防专项规划的编制，加强规划实施力度。

(5) 积极创新社会消防管理模式。

(6) 保证消防经费投入和消防设施建设。

32.3　社会单位的措施对策

社会单位的措施对策包括以下几个方面：
（1）强化社会单位主体责任落实。
（2）规范火灾高危单位消防安全评估工作。
（3）完善单位日常消防管理工作。

32.4　消防投入的措施对策

消防投入的措施对策包括以下几个方面：
（1）推动消防站、战勤保障基地、消防队伍建设。
（2）推动消防供水设施的责任落实、补齐短板。
（3）强化消防专业力量和配套设施建设。
（4）加强消防队伍人员经费保障。
（5）智慧消防建设纳入区域消防建设规划。

第33章

报告编制

33.1 报告结构

33.1.1 报告结构组成

(1) 封面；

(2) 著录页；

(3) 前言；

(4) 目录；

(5) 正文；

(6) 附件。

33.1.2 报告封面

消防安全评估报告封面至少应包含委托单位名称、消防安全评估项目名称、消防安全评估报告（这几个字适用于任何项目）、消防安全评估机构名称、评估报告完成时间以及报告编号。报告封面如图 33-1 所示。

报告编号：×××××

委托单位名称
(二号宋体加粗)

消防安全评估项目名称
(二号宋体加粗)

消防安全评估报告

(一号黑体加粗)

消防安全评估机构名称
(二号宋体加粗)

评估报告完成时间
(三号宋体加粗)

图 33-1 消防安全评估报告封面参考图

33.1.3 消防安全评估报告著录页

消防安全评估报告著录页分两页布置，第一页署名消防安全评估机构的法定代表人、技术负责人、项目负责人等主要责任者签字，下方为报告编制完成的日期及消防安全评估机构公章用章区，如图33-3所示；第二页为评估人员名单，评估人员均应亲自签字，其中项目负责人和技术负责人需加盖自身一级注册消防工程师注册印章，如图33-3所示。

委托单位名称 (三号宋体加粗)

项目名称 (三号宋体加粗)

消防安全评估报告 (二号宋体加粗)

法定代表人：(四号宋体)

技术负责人：(四号宋体)

项目负责人：(四号宋体)

报告完成日期 (小四号宋体加粗)

(机构公章)

图33-2 消防安全评估报告著录页第一页

	姓名	资格证书号	签字
项目负责人			
项目组成员			
报告编制人			

(此表应根据具体项目实际参与人数编制)

图33-3 消防安全评估报告著录页第二页

33.2 报告正文

33.2.1 消防安全评估目的及意义

在区域消防安全评估项目实施前，评估单位要与委托方进行充分沟通，了解消防安全评估项目的目的及意义。

33.2.2　被评估区域的概况及消防安全基本情况

本节至少包含两个部分：其一是被评估区域的概况，至少应包含被评估区域的地理位置、地形及自然条件、交通建设、经济发展、人口构成和社会保障等；其二是被评估区域的消防安全基本情况介绍，本区域国家综合性消防救援队、专职消防队以及乡镇消防队的设置情况，社区及消防安全重点单位配备微型消防站的情况，市政消火栓、消防水源设置情况，区域内消防安全宣传教育情况，区域内火灾高危单位、消防安全重点单位情况等。

33.2.3　评估依据

根据评估对象和评估目的，评估过程所使用的国家法律、行政法规、部门规章、地方性法律、地方部门规章、国家标准、行业标准、地方标准等为评估依据。

33.2.4　评估方法和技术路线

常见的消防安全评估方法有安全检查表法、城市用地分类与火灾风险分区定性评估方法、综合评价法、风险指数法、层次分析法、变权重法等，其中较为常用的方法是安全检查表法和层次分析法。根据项目情况选用一种或多种消防安全评估方法，具体请参照第23章的评估方法进行选择。

根据项目情况编写项目开展的技术路线，技术路线一般包括前期准备工作、现场调研，以及后期的对现场数据的分析处理。具体请参照第24章的技术路线编写。

33.2.5　评估指标体系

建立消防安全评估指标体系，是消防安全评估的重要一环，对消防安全评估结论有直接影响。具体请参照第25章的指标体系。

33.2.6　资料采集及数据分析

区域消防安全评估资料采集至少应包括以下内容：

（1）近五年火灾起数、人员伤亡情况、直接财产损失情况、火灾原因情况、分月火灾分布情况、分时火灾分布情况等；

（2）针对不同的企业类型，编制社会单位现场检查表，如《公众聚集场所现场检查表》《易燃易爆企业现场检查表》《物流产业现场检查表》《城中村现场检查表》《居民小区现场检查表》等；

（3）对区域内国家综合性消防救援队、专职消防队和乡镇消防队，以及其他多种形式的消防力量的消防人员，消防装备和抢险救援器材，市政消火栓数量及分布，消防道路长度及分布，市政消防给水管网的布置，对市政消火栓的压力和流量等进行实测，并采集数据。

（4）编写问卷调查题目，对区域民众进行问卷调查，可采用纸质调研表进行调研，也可采用问卷调查软件进行调研。

对所采集的数据进行统计分析，详见第31章的汇总分析。

33.2.7　结论

根据资料采集和数据汇总分析，对评估指标体系内的相关指标进行打分，整理得到被评估区域的总得分，根据分数确定被评估区域的消防安全等级。

33.2.8　消防安全措施对策及建议

根据汇总分析所提出的问题，提出相对应的对策、措施和建议。消防对策、措施及建议的内容应具有合理性、经济性和可操作性。

33.3　报告附件

消防安全评估报告的附件是用以支持评估报告的原始证明材料，是报告的重要组成部分，应包括以下内容：

（1）城镇区域信息地图，包括道路情况、用地属性、建筑密度、水源分布、消防站点分布等；

（2）评估方法的确定过程和评估方法介绍；

（3）火灾历史统计资料和经济社会状况资料；

（4）现场信息采集和数据分析过程：对社会单位的各类检查表按照企业类型进行统计分析，对国家综合性消防救援队、专职消防队和乡镇消防队，以及其他多种形式的消防力量进行统计分析，对问卷调查情况进行统计分析等，并根据实际分析情况对评估指标体系中相对应的指标打分，汇总信息、指标体系以及正文部分要一一对应。必要时，还可针对社会单位现场检查、消防力量、问卷调查等编制专项分析报告；

（5）评估过程中专家意见、会议记录；

（6）项目负责人、技术负责人的注册消防工程师证书和资格证书复印件；

（7）其他需要说明的事项。

第34章
费用估算

34.1　费用估算概述

为有序开展消防安全评估工作，规范消防安全评估收费，依据国内消防安全评估的市场情况，结合我国经济状况和消费水平，本书特编制了消防安全评估费用估算标准，供各消防安全评估机构与委托单位编制消防安全评估相关预算和报价时参考使用。

费用估算是指估算完成项目各个活动所需资源的费用。区域消防安全评估费用采用基准价与系数乘积的方式进行估算。区域消防安全评估基准价与评估内容有关。区域消防安全评估费用系数与所在地区的位置有关。

考虑费用的时间性，本费用估算标准适用年限为 5 年（2020～2025 年），超过此年限，应根据当年的市场变化实际情况乘以一定的系数后也可参考使用。

34.2　评估收费基准

区域消防安全评估费用基准价 C_b 按表 34-1 计取。

区域消防安全评估基准价 C_b　　　　　　　　　　　　　　　　　　表 34-1

序号	评估内容	建议基准价区间	备注
1	区域发展程度评估	3 万～5 万元	包括人口、经济、建筑、用地、产业等方面的内容
2	区域风险特征评估	1 万元/hm² ～2 万元/hm²，按实际评估建筑面积和评估深度要求取费	包括当地地理和气候特点，消防安全重点单位、火灾高危单位、重大火灾隐患等的分布情况，典型场所如易燃易爆危险品场所或设施、建筑耐火等级低或灭火救援条件差的建筑密集区、历史城区、历史文化街区、城市地下空间的布局情况，以及火灾统计（如火灾起数、受伤人数、死亡人数、经济损失）等方面的内容
3	公共消防基础设施评估	3 万元/消防队（站），按实际评估消防队（站）数量取费	包括消防规划、消防站、消防通信、消防供水、消防车通道、应急疏散等方面的内容
4	灭火救援能力评估	3 万元/消防队（站），按实际评估消防队（站）数量取费	包括消防力量体系、灭火救援预案、消防装备、灭火救援响应时间、灭火救援应急联动等方面的内容
5	社会消防安全管理评估	5 万～10 万元	包括消防法制建设、消防宣传教育培训、社会消防力量、单位自主管理等方面的内容
6	报告编制	10 万～15 万元	—

34.3 评估取费系数

建筑消防安全评估建筑面积系数 i_1 按表 34-2 取值。

不同地区系数取值表   表 34-2

序号	建筑所在地区类别	系数 i_1
1	港澳台地区	3
2	一线城市	2
3	新一线城市	1.5
4	二线城市	1.2
5	三线城市	1
6	四线城市	0.9
7	五线城市	0.8
8	村镇及其他	0.7

34.4 评估取费标准说明

34.4.1 基准价计算方法

区域消防安全评估费用基准价按实际评估内容和评估深度，按表 34-1 逐项计算后进行累加，即可得到区域消防安全评估的基准价。

34.4.2 评估费用计算方法

区域消防安全评估费用为：

$$C = C_b \times i_1 \tag{34-1}$$

式中　C——某区域消防安全评估费用（元）；

C_b——某区域消防安全评估的基准价（元）；

i_1——地区系数，具体按表 34-2 选取。

34.4.3 注意事项

（1）上述费用不包括专家论证会费用。

（2）如果实际报价明显低于本费用估算价格的，除非有特殊情况，否则就存在恶意竞争的可能。其理由是，按本估算费用标准，一般利润不会超过 20％；故如果显著低于本估算费用标准的报价，就有可能是低于成本价报价。超低报价不但扰乱正常的招投标市场环境，导致恶性竞争，而且势必造成评估质量、安全和工期难以保证等严重后果。所以，针对不合理的低价报价，就有必要要求其提供报价合理性的书面说明。委托单位只要依据当前市场情况，对每项报价的合理性进行评审，就能判定其报价是否属于合理范畴。

投标单位关于其报价合理性的书面说明文件，其核心要点是提供相关证据，内容须包括下列事项：

① 提供本项目分项报价及其明细，包括但不限于现场调研费、报告编制费、人员差旅费（如有）、人员通信费，投入人员的人工费、专家咨询费、管理费、利润、税金等。

② 提供各分项报价的依据和说明，要细化到每种费用报价的理由，例如，人员劳务费要对人员的素质、职称进行分类说明，包括各类管理人员和各类技术人员投入的数量、使用时间和单价等进行说明。

③ 对于报价依据和说明，不但要提供文字和数据说明，还要提供行业取费标准和市场报价的有效证明材料作为附件。涉及材料设备采购和租赁的，要提供询价单；行业取费标准要提供本标准的有效版本号；询价单要提供供货厂家签章的报价单；人工成本要提供人员工资收入证明并加盖公章。

第35章
典型案例

近年来,由于国内城市中火灾事故频繁发生,城市的消防安全已受到广泛重视,我国逐步开展了有关消防安全评估的研究和一些基础项目的研究。同时,受国家相关政策法规的影响,各省市均已开展此项工作。本章将以某市区域消防安全评估作为工程案例,从前期工作准备到具体工作的开展实施进行全流程介绍,方便读者参考学习,具体介绍如下。

35.1 前期工作准备

35.1.1 设立组织架构

根据预调研情况,结合工作特点、工作量成立项目组,配备足够的人员,建立组织架构。项目组由项目负责人统一管理,总工监督,项目助理负责与被评估方协调和组织实施工作,评估组组长带领检查小组落实检查任务,调研访谈组组长带领组员落实访谈任务。各小组根据检查评估内容配备专业技术人员和对应的仪器设备。

项目负责人、总工、组长职称均为高级以上,从事消防安全评估工作多年,具有丰富的项目经验。现场评估人员均具有丰富的消防安全评估和现场检查经验。项目组组织结构如图 35-1 所示。

图 35-1 项目组组织架构

35.1.2 制订进度计划

某市区域消防安全评估工作周期约为 60d(日历天)。

某市区域消防安全评估工作内容主要包括:

(1)通过现场排查,统计各类重点区域和典型区域的隐患底数和存量分布;

（2）建立消防安全评估指标体系与消防安全评估模型，评估火灾危险性；

（3）研究提出针对性的解决对策。

为更好地完成评估工作，本案例采用调研访谈、隐患排查、数据分析相结合的方式，探索并建立科学、合理和适用的评估指标体系，完成评估工作。

由此，某市区域消防安全评估工作流程为：前期基础数据统计、收集→建立指标体系→建立抽样数据库→现场检查、评估→数据汇总、分析→撰写报告，提出针对性的建议。

具体来说，本项目整体工作进度计划见表35-1。

整体工作进度计划表 表35-1

序号	工作内容	时间(d)
1	前期准备工作及基础资料收集	10
2	调研访谈	15
3	现场检查评估	30
4	评估数据整理分析汇总	10
5	编制评估报告	10
6	征求各方意见，专家论证	5
7	评估报告完善定稿	7

35.1.3 明确技术路线

某市区域消防安全评估技术路线如图35-2所示。技术路线工作内容见表35-2。

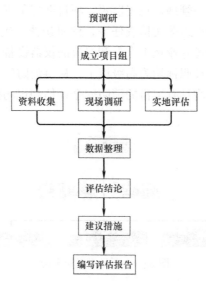

图35-2 某市区域消防安全评估技术路线

技术路线工作内容 表35-2

序号	技术路线	工作内容
1	预调研	组织专业人员对评估区域进行预调研，了解工作对象的情况，结合工作任务预估工作量，细化工作条件

序号	技术路线	工作内容
2	成立项目组	根据各类对象特点、工作量成立项目组,项目组由项目负责人统一管理,总工监督,项目助理协助,检查小组落实检查任务
3	资料收集	(1)评估内容资料收集:根据拟定的评估内容,从城市火灾危险性状况、城市火灾防范水平、社会保障能力情况和灭火救援能力情况四个方面进行资料收集; (2)基础数据收集:建立台账落实方案,确定评估标准,收集基础资料
4	现场调研	调研访谈组主要负责开展前期调研工作,主要目的是对相关部门和单位进行调研访谈,了解城市高风险场所情况及消防基础现状,收集消防救援局及相关单位提供的数据资料
5	实地评估	(1)编制检查表:梳理、消化检查内容和相关标准,整理为现场检查表和打分细则,以供现场检查时的信息采集和打分; (2)进行岗前培训:进驻现场前对技术人员进行岗前培训; (3)拟引进信息化技术来提高工作效率:编制和开发现场调研和评估软件、调研和评估数据自动处理程序,提高现场检查、数据处理效率; (4)现场检查:对区域典型的火灾隐患高危单位进行现场检查、打分
6	数据整理	(1)现场检查可取得各类对象的评估过程资料文件,每天由专人对各组资料汇总整理; (2)现场检查完毕后,将数据汇总,由专人或使用专业软件对所有数据进行处理、汇总
7	评估结论	对城市区域消防安全评估情况依据指标体系进行打分,判定消防安全评估等级
8	建议措施	根据评估情况提出相应建议和措施
9	编写评估报告	(1)采用区域消防安全评估指标体系对各类对象进行评估,撰写区域各类对象消防安全评估报告; (2)对区域整体的火灾隐患风险进行评估,编制整体报告

35.1.4　严管质量把控

1. 建立项目组组织机构,成立专家团队

根据预调研对项目工作量的了解,本案例配备雄厚的技术团队参与本项目(共计34人),其中,工作人员中包括研究员7人,高级工程师6人,工程师21人。其中,26人具有一级注册消防工程师证书。

2. 进行有针对性的培训

为保障服务质量,对项目参与人员进行质量控制培训,培训内容主要有质量控制文件及评估技术文件,详细内容如下。

(1)质量控制文件

项目启动之初,对全体项目参与人员培训专门针对消防评估项目制定的质量控制文件,培训内容包括《消防评估项目质量管理手册》《消防评估项目作业指导书》《项目质量管理控制程序》。

质量控制培训工作由项目总工承担,经过培训,使消防评估项目各个岗位的评估人员了解各自岗位承担的质量责任;同时,对质量控制流程进行培训,保证人人熟悉质量控制文件，树立质量把控意识。

（2）评估技术文件

为保证评估工作质量，评估人员还需掌握评估技术技能。考虑本次安排的项目人员均具备丰富的消防安全评估经验，因此本次培训的主要目的是加深全体人员对项目的认知，掌握本项目的重点、难点。

本次培训的技术文件为消防技术标准，具体培训的范围如下：

- 《中华人民共和国消防法》
- 《机关、团体、企业、事业单位消防安全管理规定》（公安部令第 61 号）
- 《建设工程消防监督管理规定》（公安部令第 119 号）
- 《消防监督检查规定》（公安部令第 120 号）
- 《火灾高危单位消防安全评估导则（试行）》（公消〔2013〕60 号）
- 《消防监督检查规定》（公安部第 109 号令）
- 《人员密集场所消防安全管理》XF 654—2006
- 《重大火灾隐患判定方法》GB 35181—2017
- 《建筑设计防火规范》GB 50016—2014
- 《自动喷水灭火系统设计规范》GB 50084—2017
- 《自动喷水灭火系统施工及验收规范》GB 50261—2017
- 《消防给水及消火栓系统技术规范》GB 50974—2014
- 《固定消防炮灭火系统设计规范》GB 50338—2003
- 《固定消防炮灭火系统施工与验收规范》GB 50498—2009
- 《自动跟踪定位射流灭火系统》GB 25204—2010
- 《消防控制室通用技术要求》GB 25506—2010
- 《火灾自动报警系统设计规范》GB 50116—2013
- 《建筑内部装修设计防火规范》GB 50222—2017
- 《建筑灭火器配置设计规范》GB 50140—2005
- 《气体灭火系统设计规范》GB 50370—2005
- 《气体灭火系统施工及验收规范》GB 50263—2007
- 《泡沫灭火系统施工及验收规范》GB 50281—2006
- 《人民防空工程设计防火规范》GB 50098—2009
- 《民用建筑电气设计标准》GB 51348—2019
- 《汽车库、修车库、停车库设计防火规范》GB 50067—2014
- 其他适用于消防安全评估项目的相关国家规范、法律法规和地方标准
- 国内外权威文献资料

3. 确保设施、设备配备充足、可靠

为保证项目按期稳妥、可靠实施，保证评估工作质量，还需要保证评估工作所使用的设施设备数量充足、性能可靠。

（1）消防技术服务基础设备

本案例配备了消防技术服务基础设备 246 台（件），设备数量及种类符合此次消防安全评估数据处理、调查取证和评估人员个人防护的要求。配备的设备主要包括计算机、照

相机、录音笔、对讲机、车辆、个体防护装备等。

（2）信息化评估设备（软件）

为提高消防安全评估工作中数据处理、调查取证的工作效率，引入了信息化技术手段，根据消防安全评估要求和评估标准，开发了现场检查的手机端 APP、PC 端数据后处理软件，提高了现场检查效率、后期数据整理效率，提高整体工作效率。

（3）消防设施检测设备

为保证高质量完成消防安全评估工作，中国建筑科学研究院防火所（简称项目组）专门配备了各类专业检测、试验设备 94 台（件），设备配置的数量及性能满足此次消防安全检查、消防设施现场检测的需求。

为保证消防设备性能可靠，项目组专门由后勤处负责管理和维护以上设备设施。针对此消防评估项目，制定了以下管理规定，以加强对设备的管理和维护。

（1）建立设备管理制度，明确专人管理、维护和保养；

（2）定期进行维护保养，确保设备处于完好状态；

（3）按时对需要计量检定、校准的设备进行计量检定、校准；

（4）建立设备管理档案，设备的技术资料、说明书、合格证、维修和计量检定记录存档备查。

（5）评估人员定期对设备的性能、技术指标、操作规程及有关标准进行培训。

35.2 具体工作开展

35.2.1 资料收集

1. 消防安全形势分析

（1）火灾起数分析

由全市火灾总起数变化趋势分析可知，近年来火灾起数整体呈上升趋势，在 2012～2014 年间发展迅速，总起数成倍增长；2014 年之后，全市火灾起数趋于下降，但总起数仍约 2700 起/年，消防安全形势依然严峻。如图 35-3 所示。

（2）火灾发生场所分析

据 2012～2016 年火灾数据统计分析结果可知，全市范围内约 37% 的火灾事故发生于一般居民住宅中。一般工厂、汽车库及露天堆垛也是火灾事故多发的场所，分别占比为 11.67%，9.6% 及 8.61%。此外，14.76% 的火灾事故由带电设备引起。2012～2016 年某市火灾发生场所统计如图 35-4 所示。

（3）火灾原因分析

从火灾原因分析，电气线路、电气设备故障引起的火灾是火灾损失的最主要原

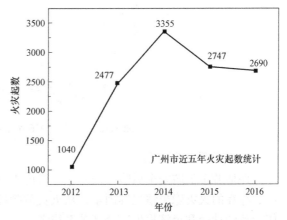

图 35-3　2012～2016 年某市火灾总起数统计

因。2012～2016 年共发生电气火灾 4424 起，占火灾总数的 36.67％，占死亡人数的 50％，是火灾发生及伤亡的主要原因之一。2012～2016 年某市火灾发生原因统计如图 35-5 所示。

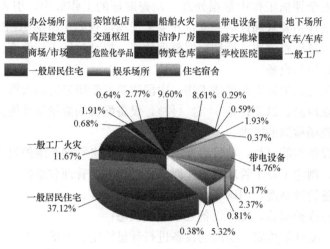

图 35-4 2012～2016 年某市火灾发生场所统计

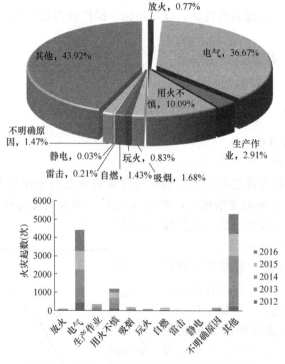

图 35-5 2012～2016 年某市火灾发生原因统计

2. 高风险场所分类

评估城市消防安全风险，需要综合考虑火灾危险性、火灾发生概率、火灾扑救难易程度、存在的火灾隐患情况等因素，从火灾危险性、发生火灾事故的处置救援难度、火灾可能导致的社会和经济损失三个环节系统考虑。

通过对城市总体消防安全形势的分析，确定某市高风险场所为十一类：中心城区、易燃易爆危险品场所、人员密集场所、高层建筑及大型城市商业综合体建筑、地下空间（不含地铁）、城中村、老旧城区、商场及大型专业批发市场、大跨度仓储物流建筑、轨道交通场站和重要文物单位。

3. 现场数据采集

根据抽样理论及高风险场所抽样比例确定方法进行计算分析，确定某市高风险场所现场排查数据抽样比例和数量见表35-3。

某市高风险场所现场排查数据抽样比例和数量   表 35-3

序号	现场调研与数据采集	火灾风险采集点
1	轨道交通场站	统计调研某市地下铁道、观光隧道消防安全重点单位130家，为保证该类场所的抽样准确性，抽样率取65.7%，因此需要调研样本个数为85家
2	大跨度仓储物流建筑	针对重要仓储开展消防安全风险调研与数据分析。 统计调研某市大型仓库、堆场消防安全重点单位45家，为保证该类场所的抽样准确性，抽样率取88.4%，因此需要调研样本个数为40家
3	高层建筑及大型城市商业综合体建筑	针对典型高层、超高层及大型综合体建筑实施消防安全风险现场调研及数据分析。 统计调研某市高层公共建筑消防安全重点单位411家，为保证该类场所的抽样准确性，抽样率取43.4%，因此需要调研样本个数为178家
4	易燃易爆危险品场所	针对重要工业园区与易燃易爆作业场所重点实施消防安全风险现场调研与数据分析。 统计调研某市工业园区105个，易燃易爆单位250家，该类场所总数为355家，为保证该类场所的抽样准确性，抽样率取43.4%，因此需要调研样本个数为154家
5	人员密集场所	选择机关、学校、娱乐场所、酒店等人员密集场所实施消防安全风险现场调研及数据分析。 统计调研某市宾馆(饭店)579家，体育会馆、会堂40家，公共娱乐场所508家，医院(养老院)109家，学校(托儿所、幼儿园)277家，国家机关73家，图书馆、展览馆、博物馆、档案馆25家，人员密集场所消防安全重点单位总数为1611家，为保证该类场所的抽样准确性，抽样率16.1%，因此需要调研样本个数为259家
6	商场及大型专业批发市场	针对商场及大型专业批发市场现场(实施)消防安全风险调研及数据分析。 统计调研某市商场、市场消防安全重点单位样本总量为501家，为保证该类场所的抽样准确性，抽样率取27.7%，因此需要调研样本个数为139家
7	重要文物单位	针对重要文物单位实施消防安全风险现场调研及数据分析。 统计调研某市文物保护单位、消防安全重点单位23家，为保证该类场所的抽样准确性，抽样率取88.4%，因此需要调研样本个数为20家
8	城中村	针对城中村实施消防安全风险现场调研及数据分析。 统计调研某市城中村数量为140个，为保证该类场所的抽样准确性，抽样率取65.7%，因此需要调研样本个数为92个
9	中心城区	针对中心城区实施消防安全风险现场调研及数据分析
10	老旧城区	针对老旧城区实施消防安全风险现场调研及数据分析
11	地下空间(不含地铁)	针对地下空间实施消防安全风险现场调研及数据分析。 统计调研某市地下综合体1家，独立地下商业设施17家，为保证该类场所的抽样准确性，抽样率取88.4%，因此需要调研样本个数为16家

35.2.2　指标体系构建

本评估拟将某市消防安全风险评估体系分为城市火灾危险性状况评估系统、社会保障能力评估系统、灭火救援能力评估系统和城市火灾防范水平评估系统四部分，如图 35-6 所示。

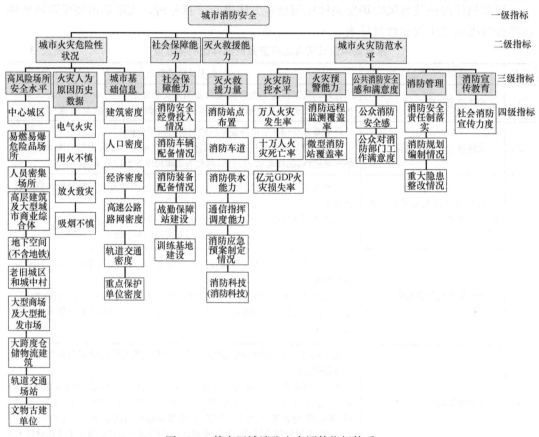

图 35-6　某市区域消防安全评估指标体系

35.2.3　评估内容分析

1. 城市火灾防范水平评估

消防工作事关民生，直接影响社会的稳定及人民的安居乐业，是安全工作的头等大事。城市火灾防范需要借助全社会力量。在进行城市区域消防安全评估时，应对政府部门、行业主管部门、基层部门、社会单位等需履行和落实的消防安全职责及其消防工作公众参与度、消防安全宣传教育、微型消防站建设、城乡消防规划制定情况等方面进行全面评估，从社会面防控的角度评估城市的防范火灾能力。

2. 后勤保障建设情况评估

随着中国经济的高速发展，城市的常住人口数量也在逐年增加，火灾起数也随之增多。消防装备是扑灭火灾的重要武器，因此对后勤保障建设的评估也是至关重要的。通过调研访谈，本次评估主要从消防安全经费投入情况，消防车辆、消防装备等建设情况，战勤保障站基本情况和综合训练基地基本情况三个方面入手，对城市区域的后勤保障能力建设方面进行评估。

3. 灭火救援能力评估

经了解可知，城市的灭火救援力量主要依靠国家消防救援队伍，随着社会需求的加大，逐步补充了政府专职消防队和企业专职消防队，消防站和消防队的建设情况是灭火救援能力评估的重点，充足的灭火救援力量是有效灭火的关键。除此之外，对于城市火灾应急预案、大型企业火灾应急预案制定情况，跨区域应急预案与多部门联动机制建设情况，消防队伍开展灭火救援工作情况及消防水源、应急供水设施、市政消火栓等建设情况，消防通信建设情况，消防车通道建设情况，消防科技和智慧消防建设情况等，也是灭火救援能力评估的重点。

35.2.4 消防安全评估结果

1. 消防安全等级确定（表35-4）

消防安全等级对应赋分一览表　　　　　　　　　　　　　　　　　　表35-4

消防安全等级		量化范围	消防安全等级特征描述
Ⅳ级	较高	[85,100]	消防安全状况较好,消防安全水平较高,存在的消防安全问题较少,火灾风险性较低,火灾风险可接受,消防安全状况提高重在维护和管理
Ⅲ级	中	[65,85)	消防安全状况一般,消防安全水平中等,存在一定的消防安全问题,在适当采取措施后可达到较高水平,火灾风险性中等,火灾风险可控制,消防安全状况提高重在局部地区整改和加强消防管控力度
Ⅱ级	较低	[35,65)	消防安全状况较差,消防安全水平较低,存在较多的消防安全问题,火灾风险性较高,火灾风险较难控制,应采取措施加强消防基础设施建设和提高消防管理水平
Ⅰ级	低	[0,35)	消防安全状况很差,消防安全水平很低,存在很多的消防安全问题,火灾风险性高,火灾风险难控制,应当采取全面的措施对主动防火设施进行完善,加强对危险源的管控,增强消防管理和救援力量

2. 安全评估结果

根据结果可知，某市消防安全水平得分为77.10。根据消防安全等级判定标准，得出某市消防安全等级级别为Ⅲ级，属于中风险等级，即火灾风险性中等。火灾风险处于可控制的水平，在适当采取措施后可达到接受水平。基本指标评估结果汇总见表35-5。

基本指标评估结果汇总　　　　　　　　　　　　　　　　　　表35-5

一级指标	二级指标	二级指标权重	三级指标	三级指标权重	四级指标	四级指标权重	得分
城市消防安全	城市火灾危险性状况	0.29	高风险场所安全水平	0.5	中心城区	0.10	0.8
					易燃易爆危险品场所	0.12	1.3
					人员密集场所	0.12	1.0
					高层建筑及大型城市商业综合体	0.15	1.1
					地下空间(不含地铁)	0.10	1.0
					老旧城区和城中村	0.15	1.2
					大型商场及大型批发市场	0.05	0.4
					大跨度仓储物流建筑	0.08	0.9

一级指标	二级指标	二级指标权重	三级指标	三级指标权重	四级指标	四级指标权重	得分
城市消防安全	城市火灾危险性状况	0.29	高风险场所安全水平	0.5	轨道交通场站	0.08	0.9
					文物古建单位	0.05	0.5
			火灾人为原因历史数据	0.3	电气火灾	0.36	2.5
					用火不慎	0.30	2.3
					放火致灾	0.14	1.2
					吸烟不慎	0.20	1.5
			城市基础信息	0.2	建筑密度	0.20	0.8
					人口密度	0.186	0.8
					经济密度	0.20	0.8
					高速公路路网密度	0.107	0.4
					轨道交通密度	0.107	0.4
					重点保护单位密度	0.20	0.8
	社会保障能力	0.21	社会保障能力	1.0	消防安全经费投入情况	0.30	4.4
					消防车辆配备情况	0.30	5.7
					消防装备配备情况	0.20	3.8
					战勤保障站建设	0.10	1.1
					训练基地建设	0.10	1.7
	灭火救援能力	0.21	灭火救援力量	1.0	消防站点布置	0.20	2.8
					消防车道	0.20	3.3
					消防供水能力	0.21	4.1
					通信指挥调度能力	0.20	3.4
					消防应急预案制定情况	0.09	1.5
					消防科技(智慧消防)	0.10	1.7
	城市火灾防范水平	0.29	火灾防控水平	0.2	万人火灾发生率	0.30	1.2
					十万人火灾死亡率	0.40	1.6
					亿元GDP火灾损失率	0.30	1.6
			火灾预警能力	0.2	消防远程监测覆盖率	0.50	2.0
					微型消防站覆盖率	0.50	2.6
			公众消防安全感和满意度	0.2	公众消防安全感	0.50	2.2
					公众对消防部门工作满意度	0.50	2.3
			消防管理	0.2	消防安全责任制落实	0.40	2.0
					消防规划编制情况	0.30	1.4
					重大隐患整改情况	0.30	1.6
			消防宣传教育	0.2	社会消防宣传力度	1.00	4.6
总分							77.1

35.2.5 措施、对策和总结

1. 推动消防站、战勤保障基地、消防队伍建设

一是抓紧解决历史欠账，清除布局盲点，完成规划的消防站点建设；二是对现有的二级普通消防站进行升级，改造为一级消防站，提升其应急救援能力；三是根据市战勤保障基地建设现状需求，建议在市东西南北中五个方向分别建设一个战勤保障基地；四是加强小型站建设，针对消防站建设慢的问题，建议在消防站规划用地内首先建成小型站，并规定小型站的使用年限不得超过 5 年，届满时应尽可能改造成永久站。

2. 推动消防供水设施的责任落实、补齐短板

针对消火栓建设不足、维护保养不到位的现状，发改委应在城市道路建设立项之初，将消火栓建设纳入道路建设必建项目，保证消火栓与城市道路同步建设。水务局建设供水管网的同时，应同步建设消火栓。同时，推动市政消火栓进行统一编号，施行"数字化"管理，加快推进城中村消防供水改造，提高城市消防供水的稳定性和可靠性。

3. 加强消防装备投入

全市消防队伍应根据使用年限和车辆性能状况制订车辆淘汰报废计划，逐步更新超期服役的消防车辆；进一步优化举高、专勤、战勤保障消防车的配备比例、性能和智能化水平。

4. 强化消防专业力量

将灭火救援专业队伍建设纳入基础设施建设投资计划和财政预算予以保障，按照省消防总队专业消防站建设标准，依托消防特勤队伍组建高层建筑灭火救援专业队、地下建筑事故处置专业消防站和地震救援重型专业队。

5. 加强消防队伍人员经费保障

一是强化各消防队公用经费保障水平；二是加强专职消防人员经费保障，完善消防专职人员持续发展保障管理办法；三是继续将消防装备、信息化、营房基础设施、战勤保障基地、消防水源建设等项目予以重点保障，推动社会消防事业的快速发展。

6. 智慧消防建设规划建议

为最大限度地保障人民群众生命财产安全，防止失控漏管，提高对全社会的消防管理水平和能力，提高消防队伍的快速反应能力，在目前警力严重不足的现实情况下，建立城市智慧消防系统已迫在眉睫，智慧消防建设可分阶段实施，规划为"三部曲"。第一步，对城市的火灾高危单位实施智能消防物联网系统建设；第二步，对城市中的消防安全重点单位实施智能消防物联网系统建设；第三步，对城市中的火灾危险性较大的典型"三小"场所、市政消火栓实施智能消防物联网系统建设。

参 考 文 献

[1] 李树刚. 安全科学原理 [M]. 陕西：西北工业出版社，2008. 5-6.

[2] 陈曼英. 基于模糊理论的地铁火灾风险评估及控制研究 [D]. 华侨大学，2013.

[3] 李鑫. 基于 NFPA 101A 的商业建筑火灾风险评估研究 [D]. 昆明理工大学，2015.

[4] 陈秋华. 基于火灾风险评估的城市区域消防安全治理研究 [D]. 华南理工大学，2018.

[5] 毕少颖，王志刚，张银花. 消防安全评估方法的分析 [J]. 消防科学与技术，2002.

[6] 连旦军，董希琳，吴立志. 城市区域火灾风险评估综述 [J]. 消防科学与技术，2004.

[7] 张燕，姜东民. 基于事故树—消防安全检查表的康养居所消防风险评估 [J]. 消防界（电子版），2019.

[8] 黄飞，杨志红，宫六零. 城市商业综合体消防安全评估方法及实例应用研究 [J]. 武警学院学报，2019.

[9] 史雷波. 超高层建筑火灾烟气蔓延规律与人员疏散安全性研究 [D]. 西安科技大学，2018.

[10] 王晓湧. 北京市公交场站及北京火车站安全评估研究 [D]. 北京建筑大学，2019.

[11] 薛嵩. 基于 GIS 的城市区域火灾风险评估系统开发研究 [D]. 太原理工大学，2019.

[12] 郑蝉蝉，肖泽南. BP 神经网络理论在西南地区传统村落消防安全评估中的应用 [J]. 建筑科学，2017.

[13] 熊智勇. 城市区域消防安全评估探讨 [J]. 建材与装饰，2013.

[14] 陈林. 消防工程项目造价控制研究 [J]. 传播力研究，2017.

[15] 王惠娥，贾薇，孙焕红，等. 几种安全评价方法在甲醛化工生产中的应用 [J]. 云南化工，2019.

[16] 安天琦. 火力发电厂的消防安全评估模型研究 [D]. 西安建筑科技大学，2018.

[17] 王光东. 火灾风险指数法在高校宿舍楼火灾风险评估中的应用 [J]. 武警学院学报，2012.

[18] 李典贵，刘冠军. 事故树分析下北京地铁治安应急疏散机制研究 [J]. 现代城市轨道交通，2019.

[19] 韩海荣，王岩. 基于层次分析—模糊综合评价法的危险化学品生产企业安全评价研究 [J]. 石油化工安全环保技术，2019.

[20] 翟化欣. 层次分析法和神经网络的电网安全评估 [J]. 现代电子技术，2016.

[21] 杨立兵. 建筑火灾人员疏散行为及优化研究 [D]. 中南大学，2012.

[22] 李杰，陈伟炯. Pathfinder 安全疏散应用研究综述 [J]. 消防科学与技术，2019.

[23] 李胜利，李孝斌. FDS 火灾数值模拟 [M]. 北京：化学工业出版社，2019.

[24] 黄有波. 建筑火灾仿真工程软件 [M]. 北京：化学工业出版社，2017.

[25] 胡坤，胡婷婷，马海峰. ANSYS Fluent [M]. 北京：机械工业出版社，2018.

[26] 曹岩. ABAQUS [M]. 北京：清华大学出版社，2018.

[27] 胡仁喜，康士廷. ANSYS 有限元分析 [M]. 北京：机械工业出版社，2019.

[28] 傅智敏，杰克·墨菲. 美国高层建筑现状及消防对策建议 [J]. 消防技术与产品信息，2017.

[29] 赵泽明. 世界各国的火灾成本统计——来自世界火灾统计中心的调查报告 [J]. 消防技术与产品信息，2005.

[30] 许镇，薛巧蕊，陆新征，等. 考虑地面高程的建筑群三维火灾蔓延模型 [J]. 清华大学学报（自然科学版），2020.

[31] 黄晶. 基于 ArcGIS 的室内地图数据处理及交付系统的设计与实现 [D]. 北京邮电大学，2016.

[32] 冯艳萍. 经济与火灾 [J]. 消防技术与产品信息，2009.

[33] Conferenee Fire Safety by Design：A Framework for the Future. Fire Research Station，Borehamwood，UK，10 No. 1993.

[34] Hefaidh Hadef，Belkhir Negrou，Tomás González Ayuso，Mébarek Djebabra，Mohamad Ra-

madan. Preliminary hazard identification for risk assessment on a complex system for hydrogen production [J]. International Journal of Hydrogen Energy，2019.

［35］ Shan Zhou，Pu Yang. Risk management in distributed wind energy implementing Analytic Hierarchy Process [J]. Renewable Energy，2020.

［36］ Josu00E9 E. Jaime Leal，J. Medina Valtierra. "SIMULEX". Simulador en excel para cinética química homogénea [J]. 2000.